私のお気に入りのフラクタル

単行本1巻

デビッド・E・マクアダムス著

この本の画像は **Fractal Forge** を使用して作成されました。 **Fractal Forge** は **https://sourceforge.net/projects/fractalforge/** からダウンロードできます。

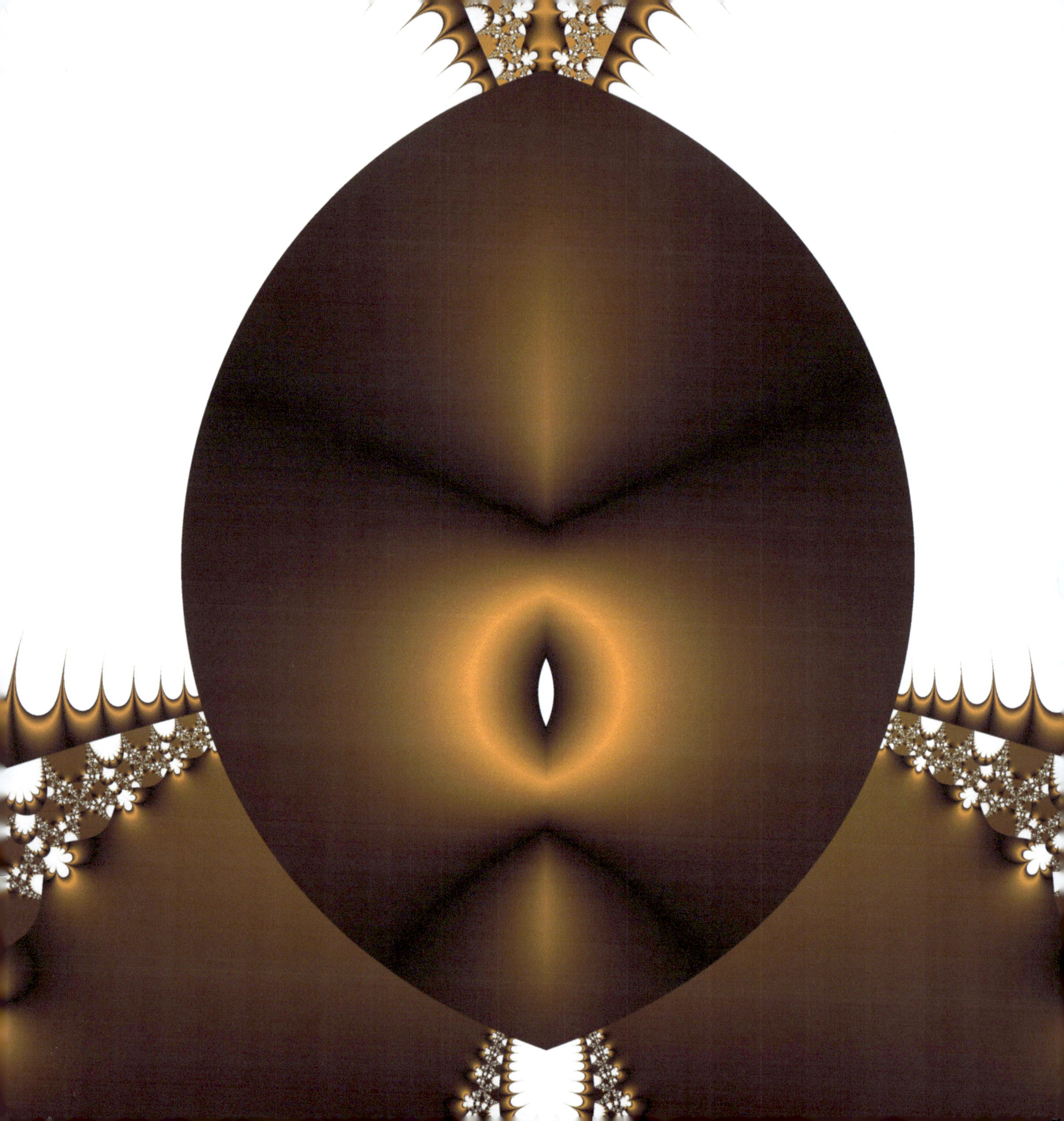

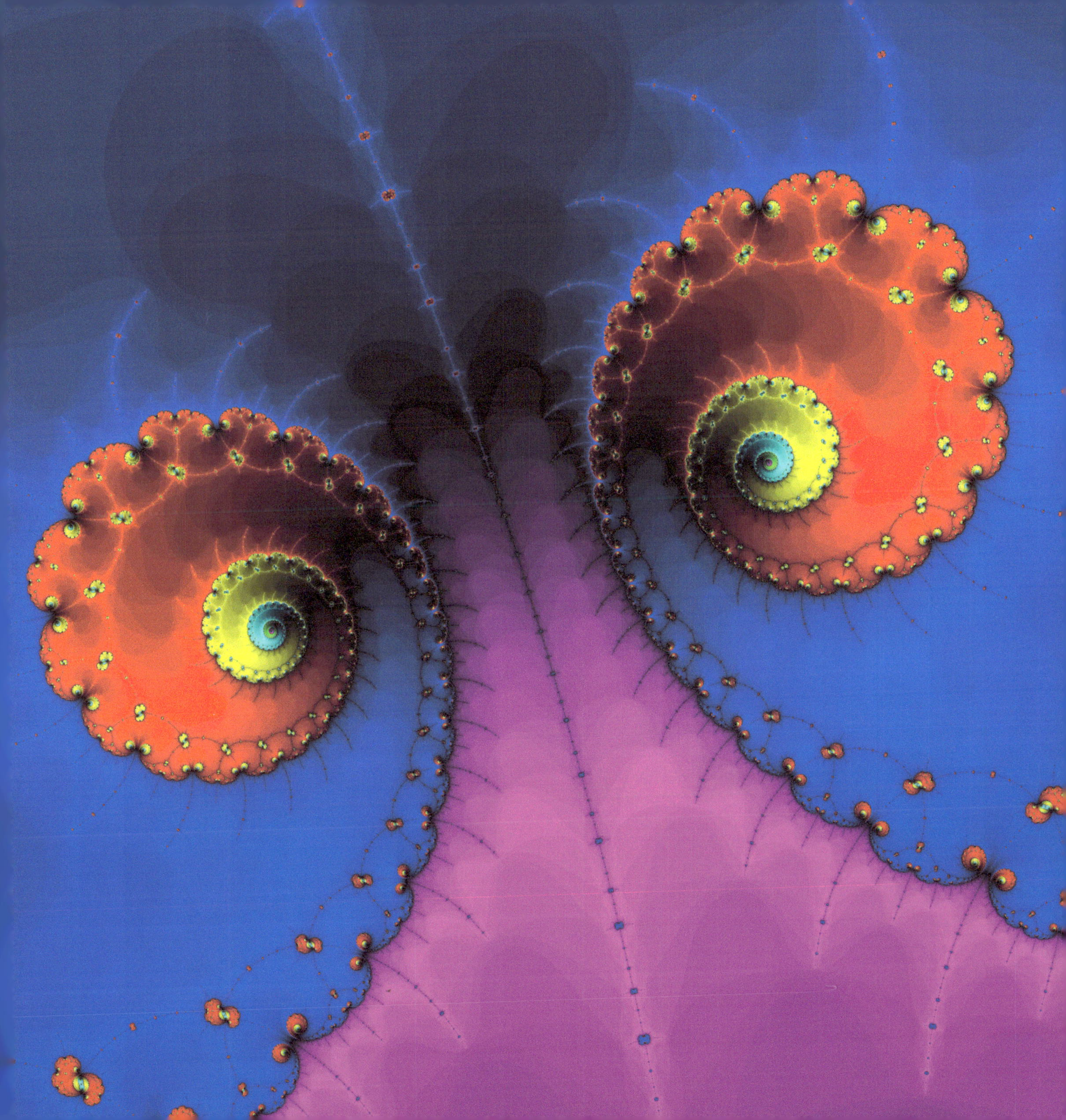

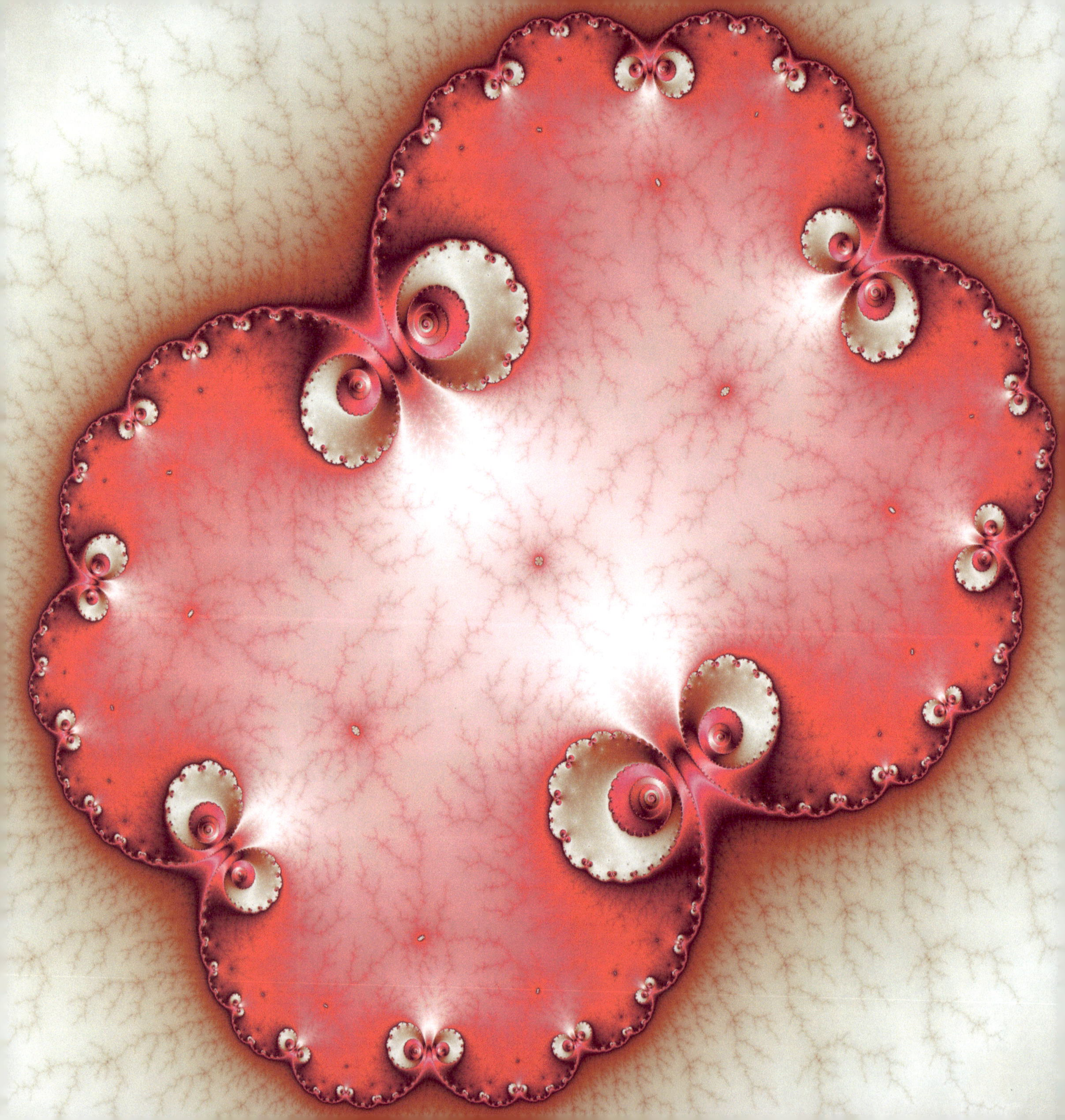

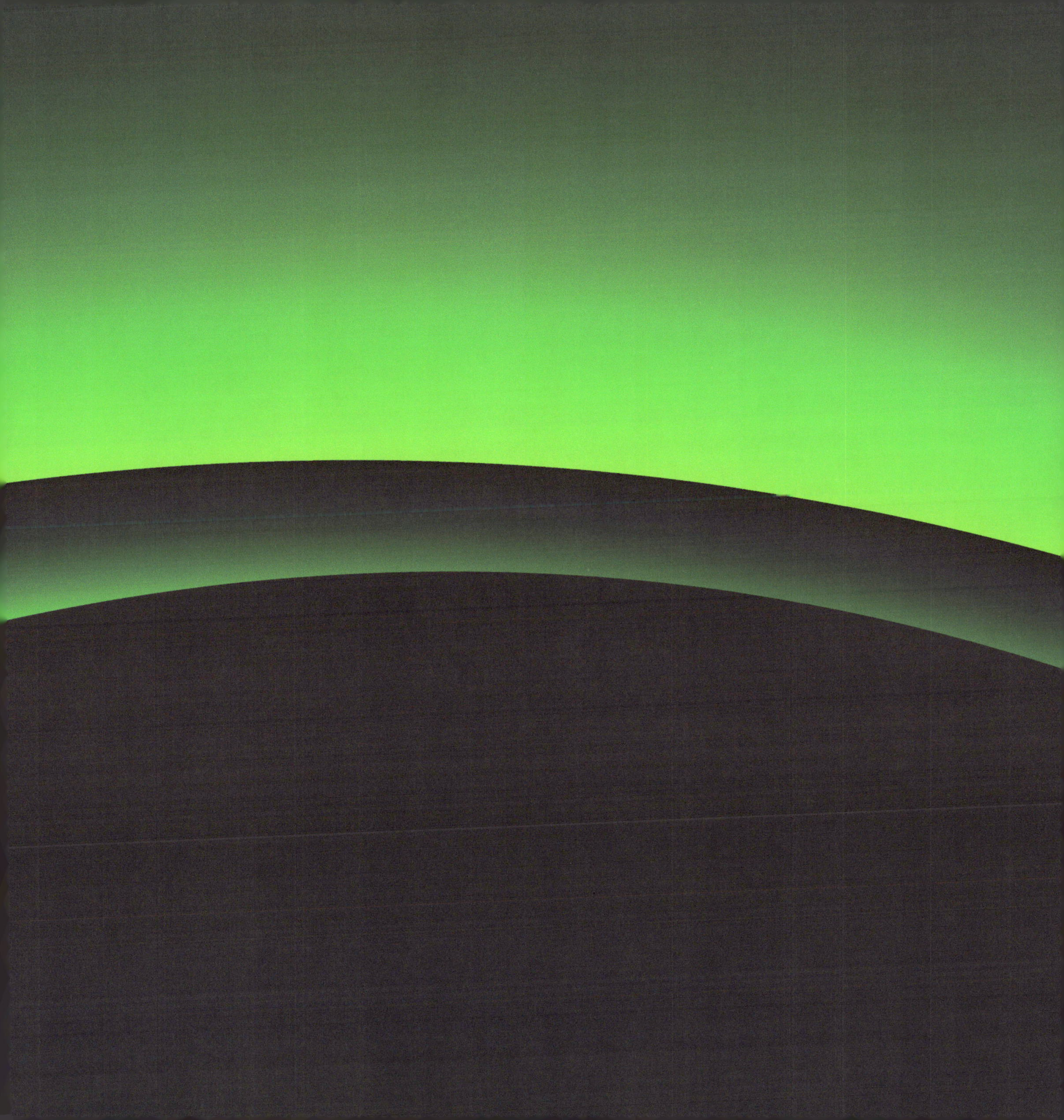

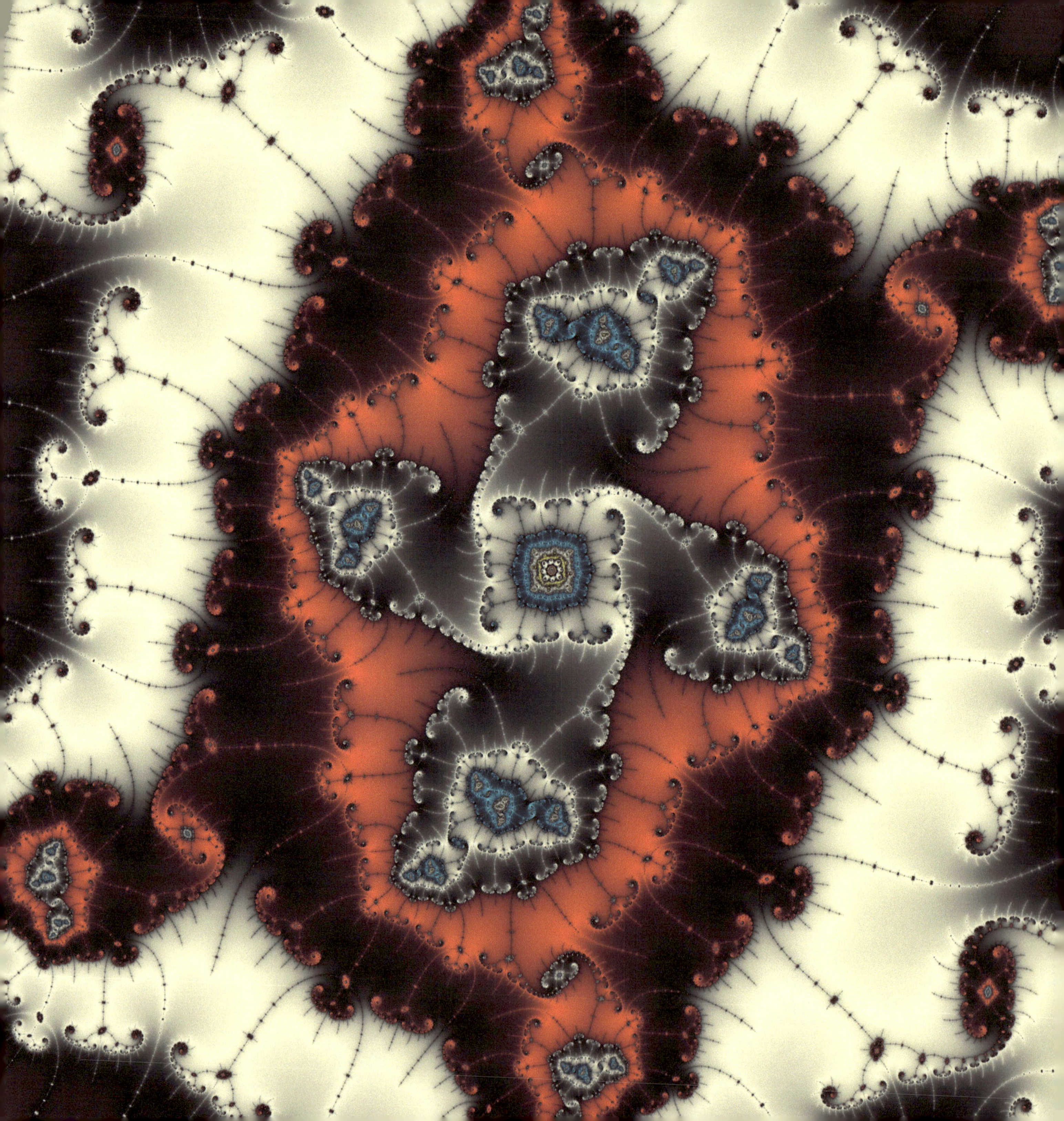

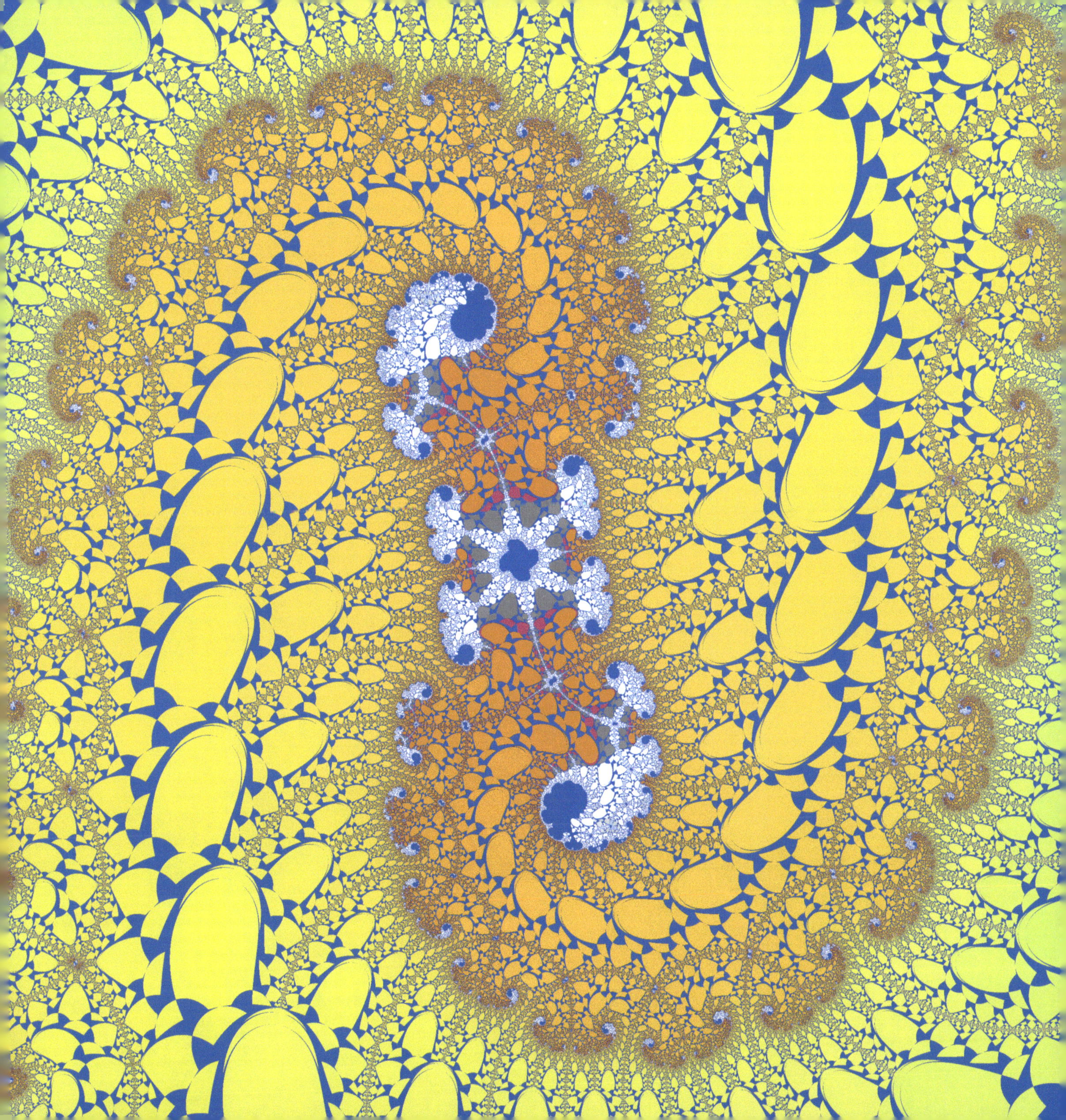

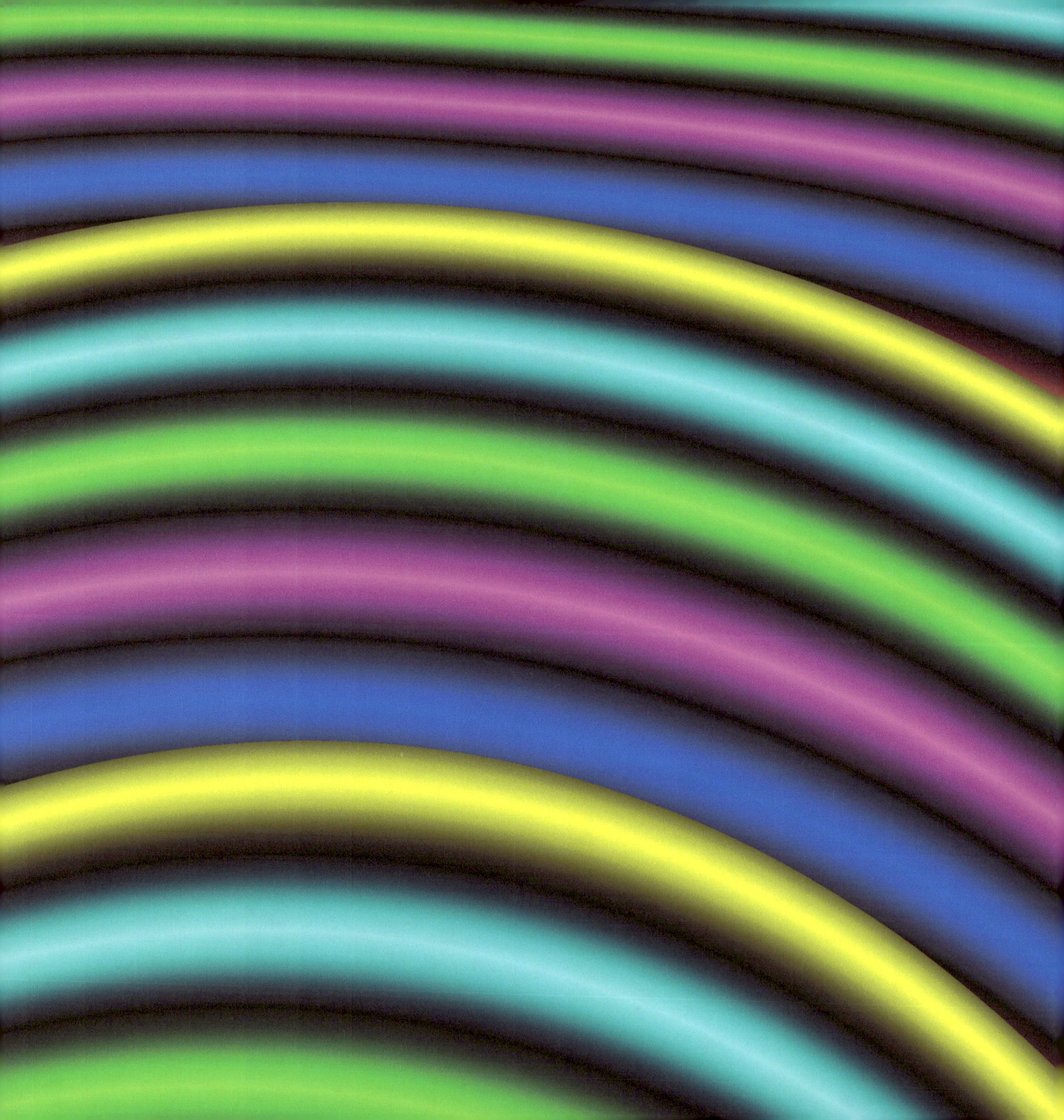

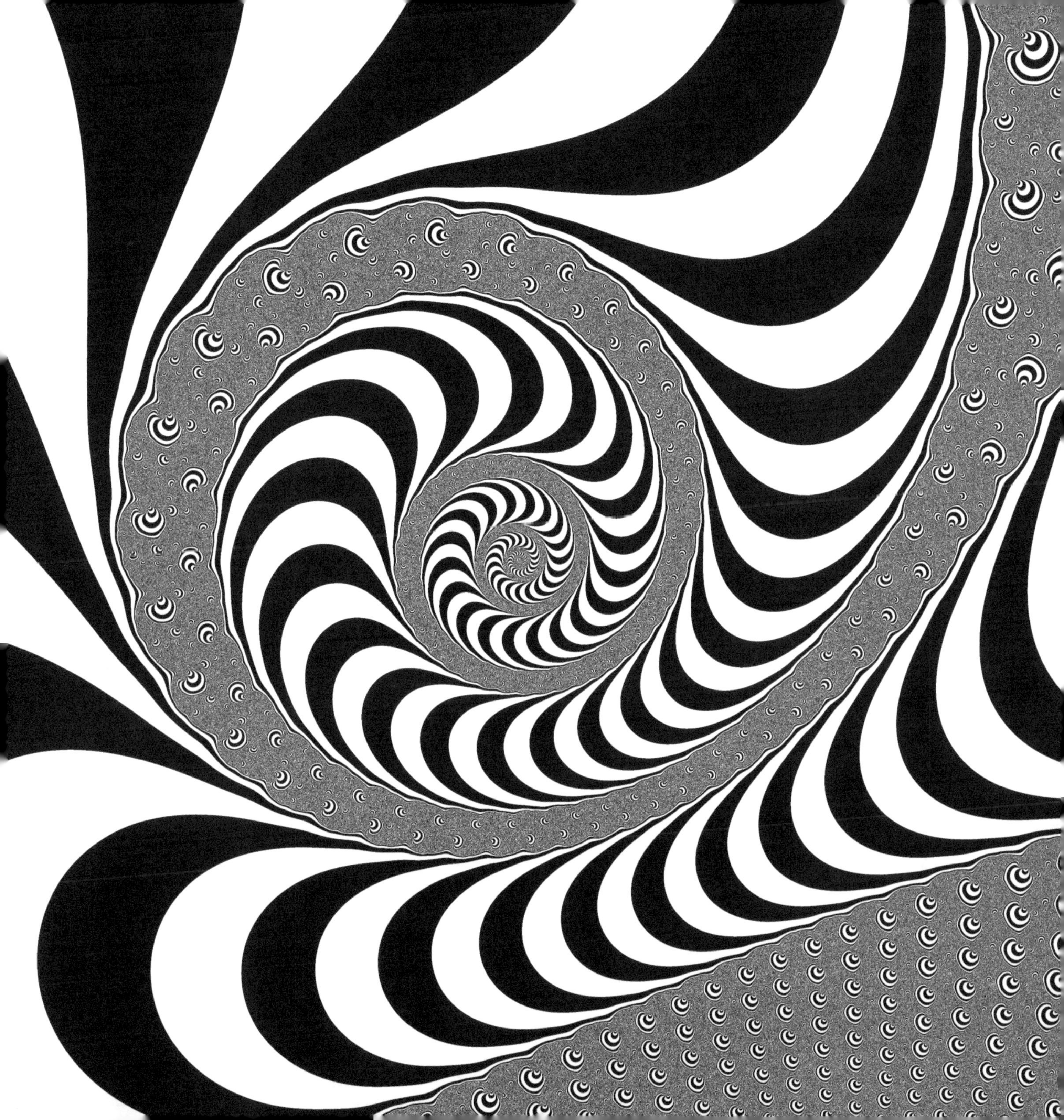

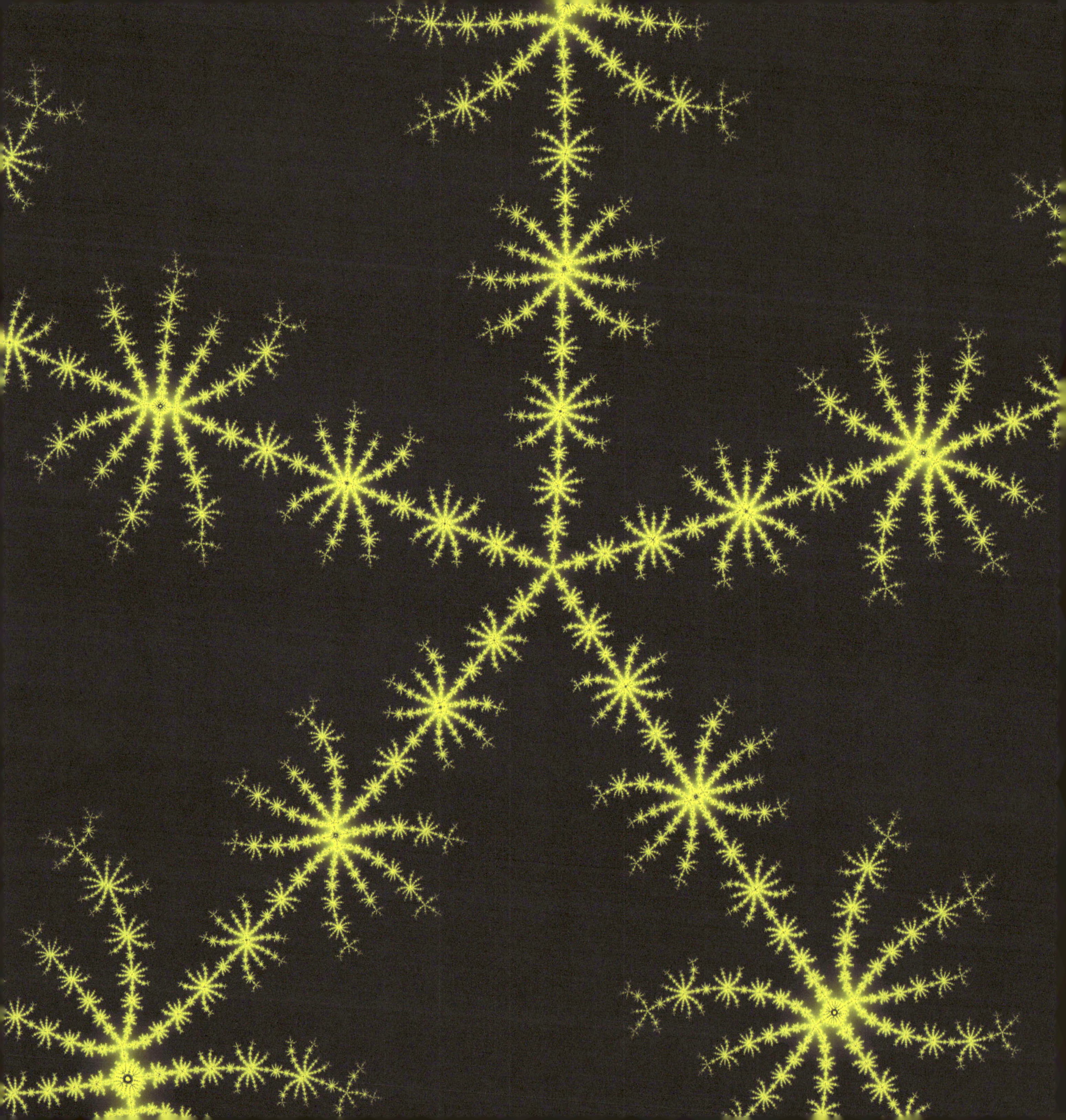

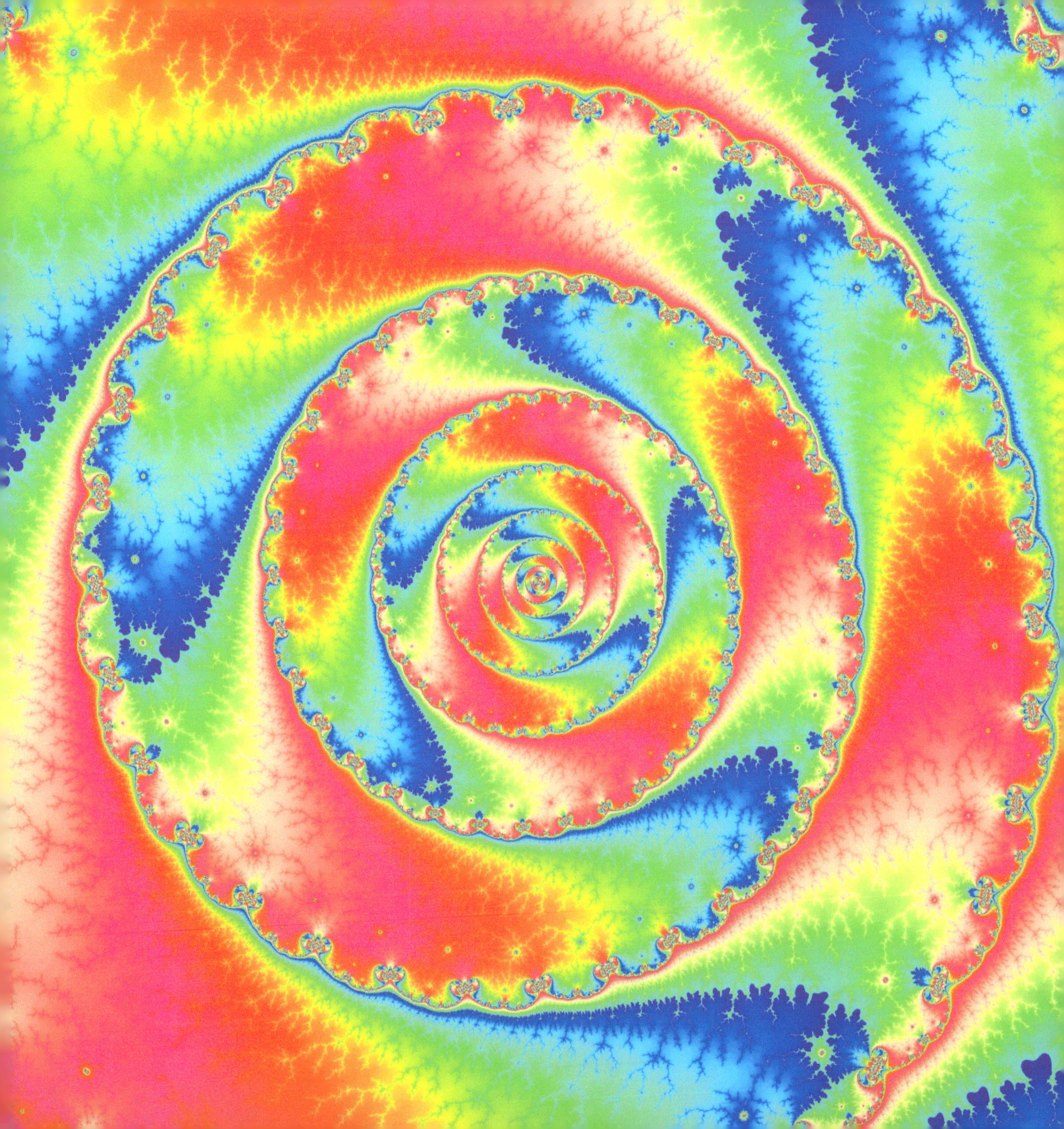

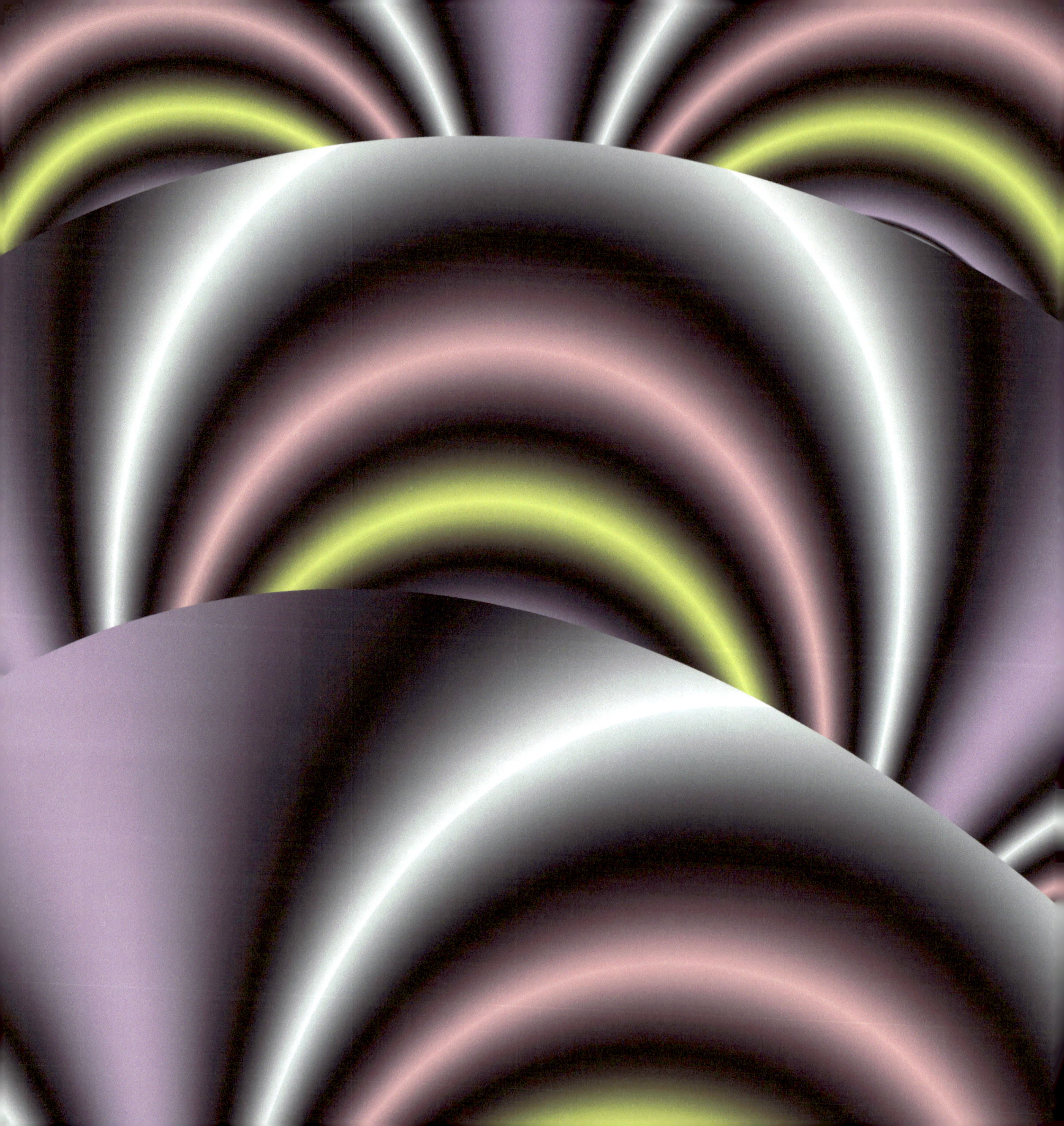

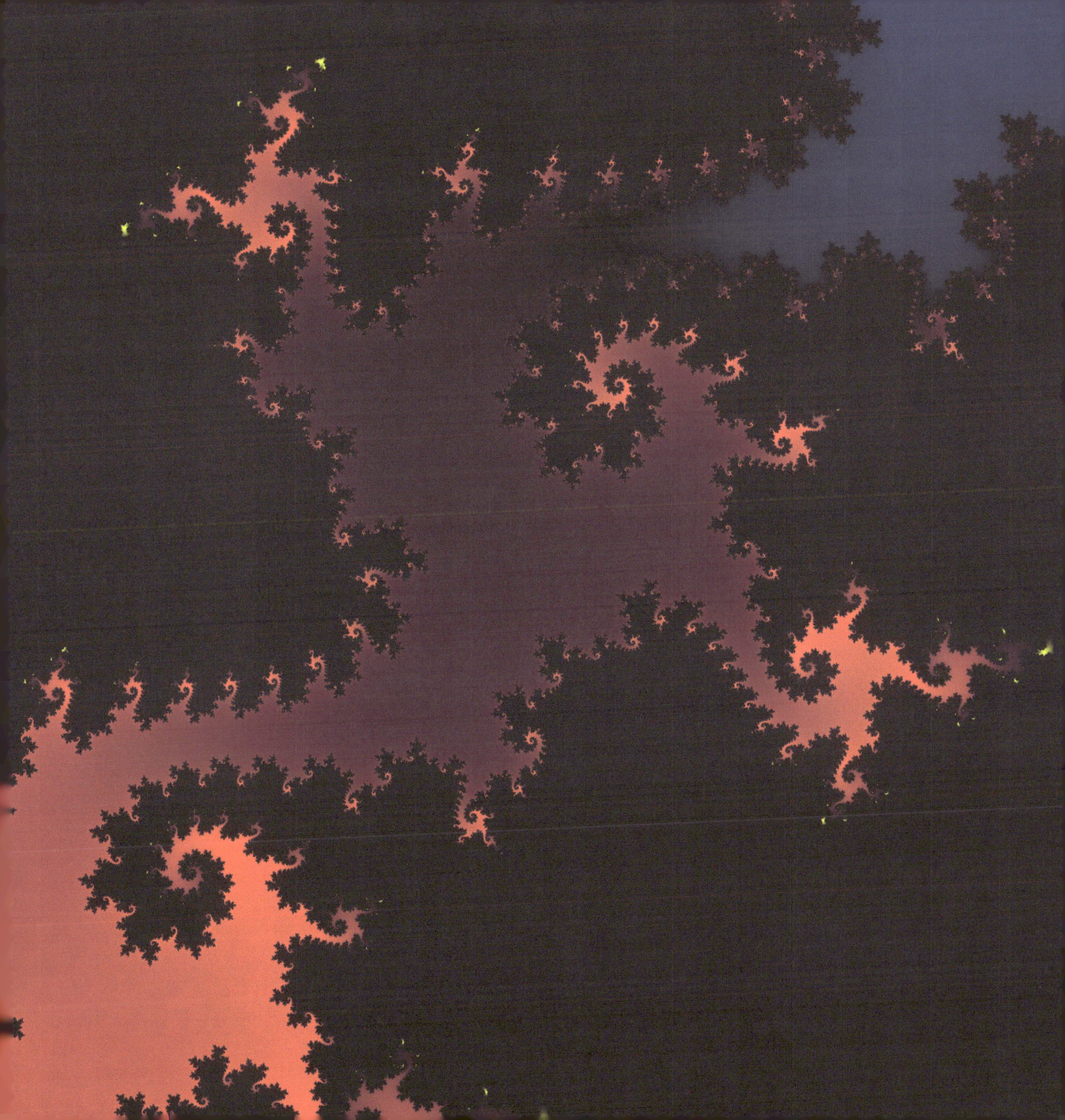

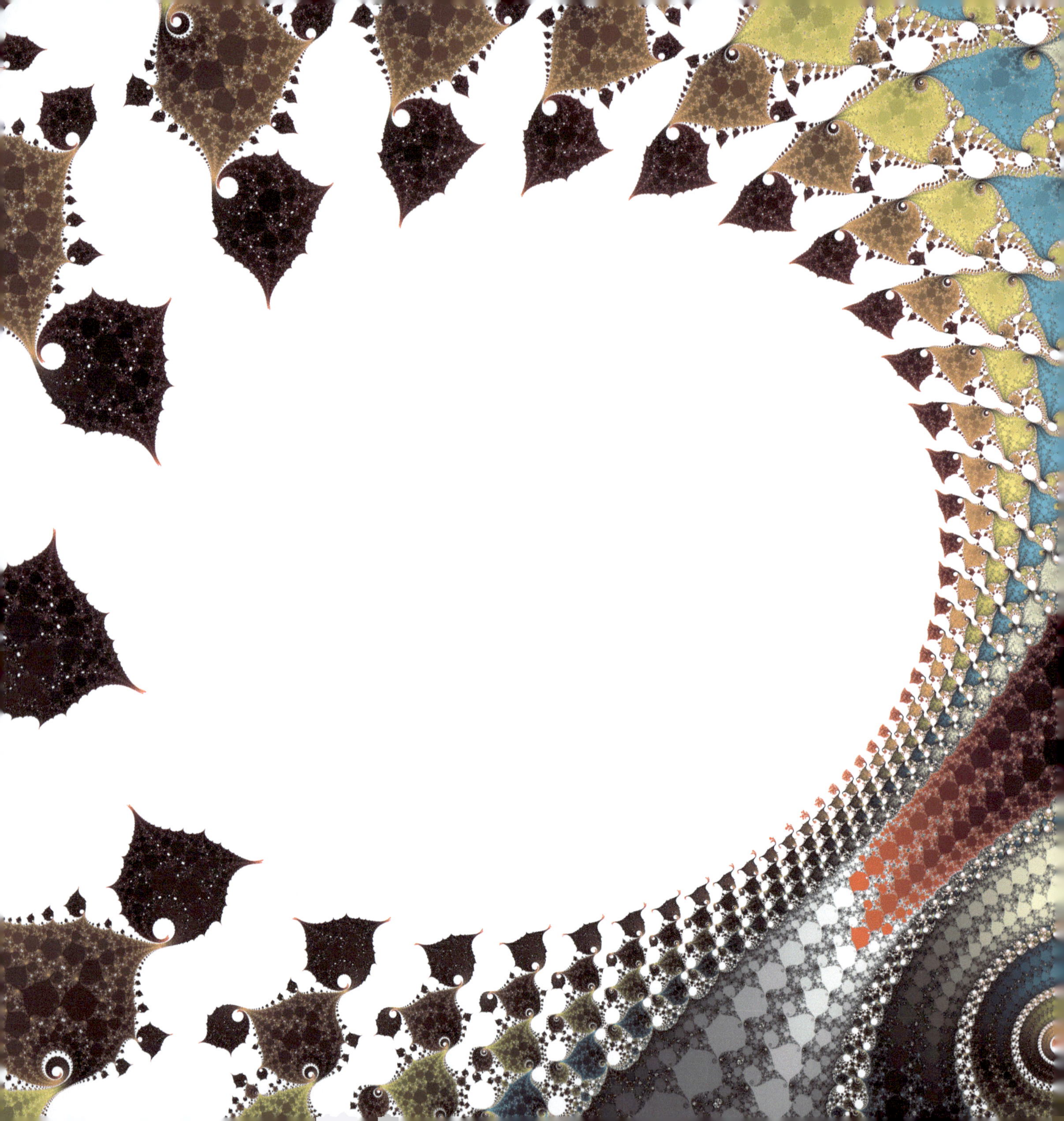

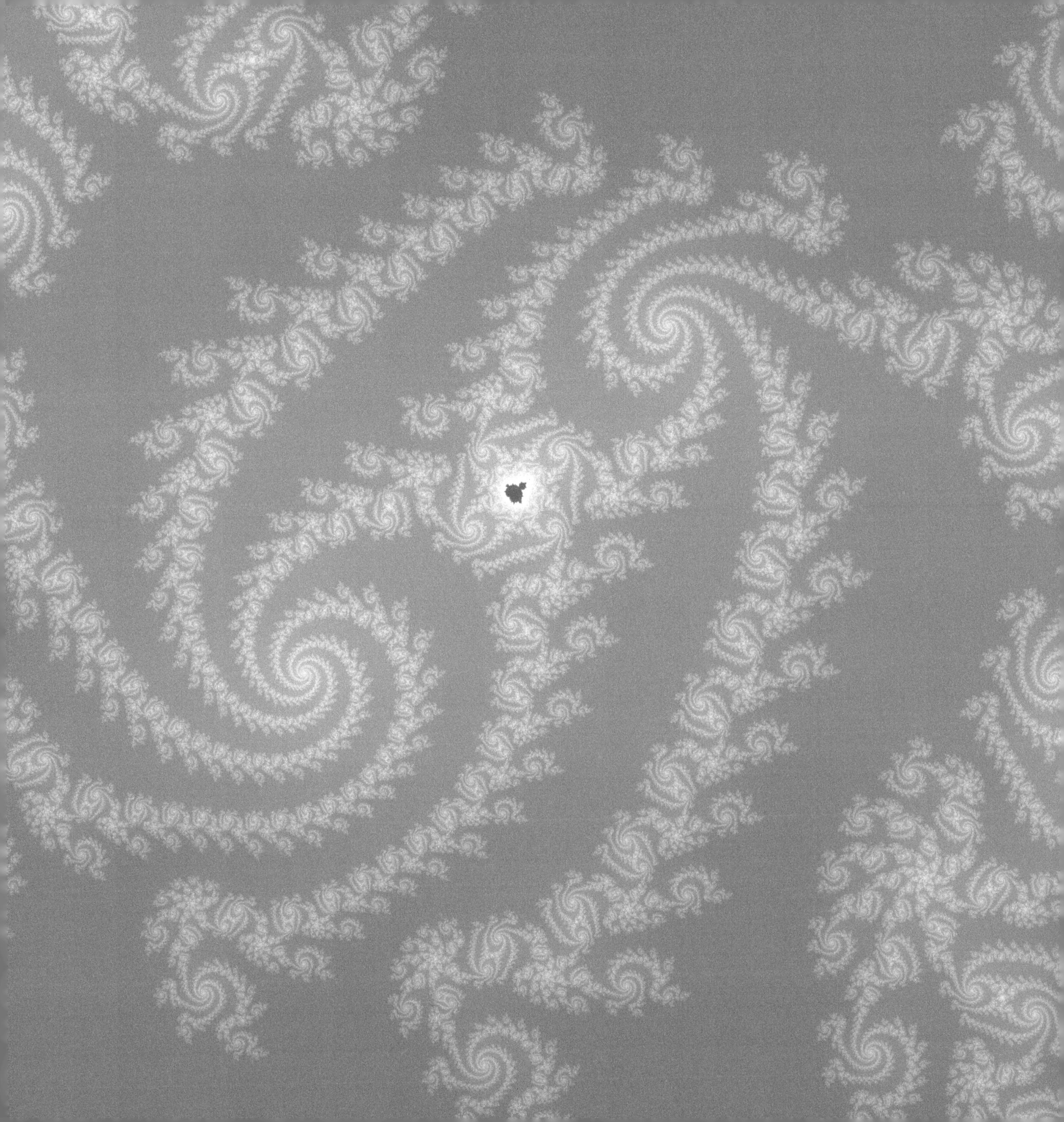

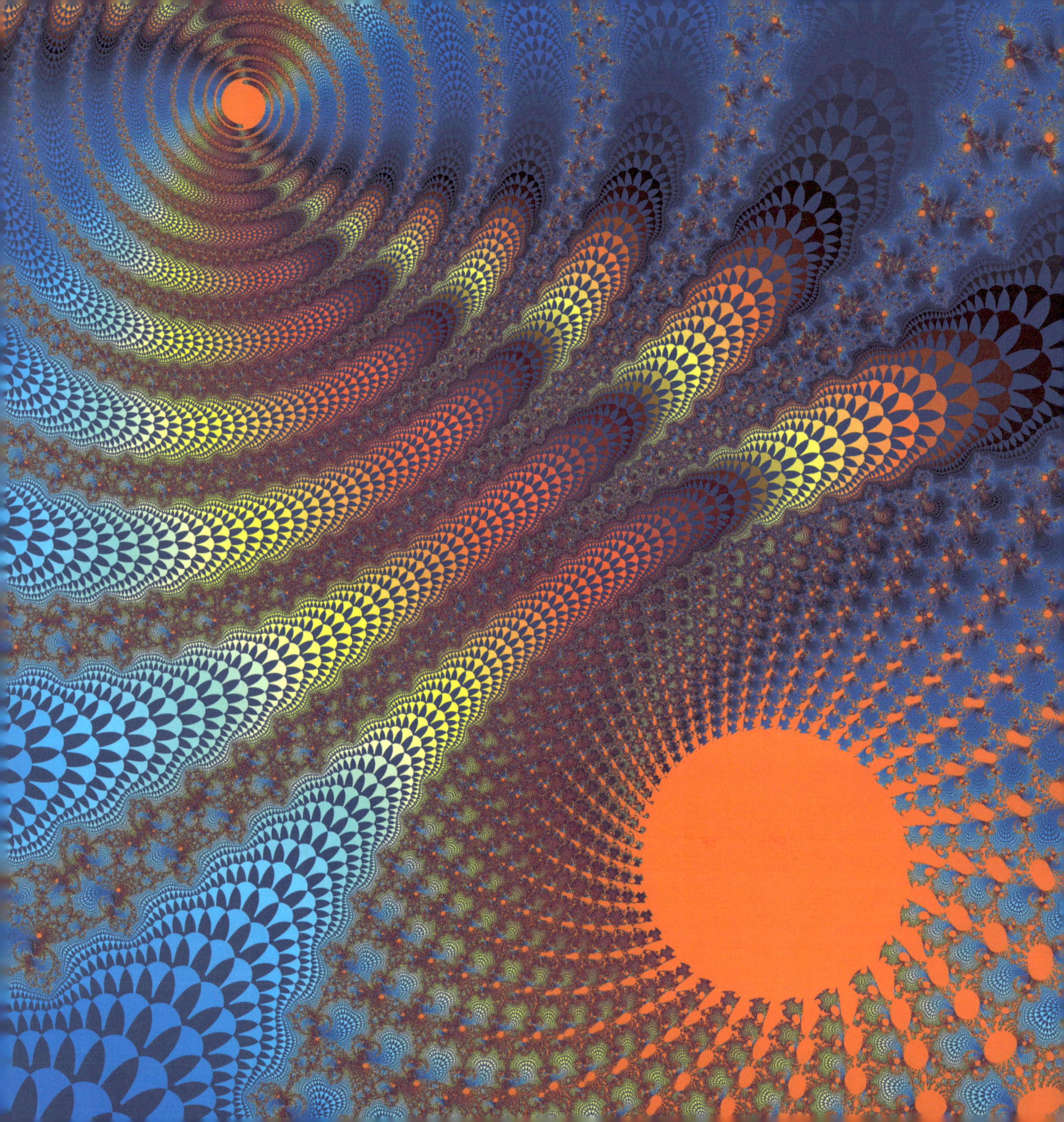

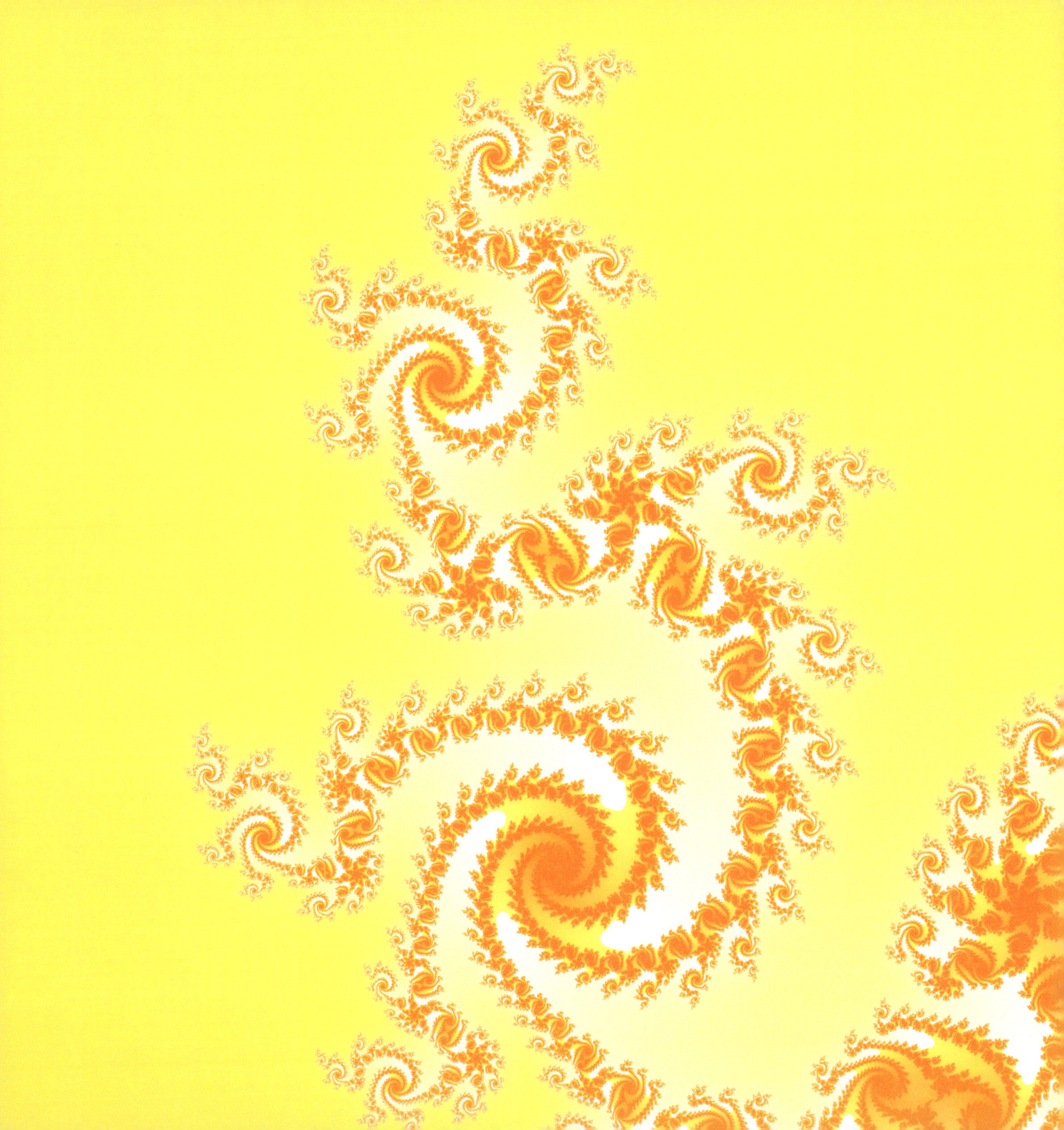

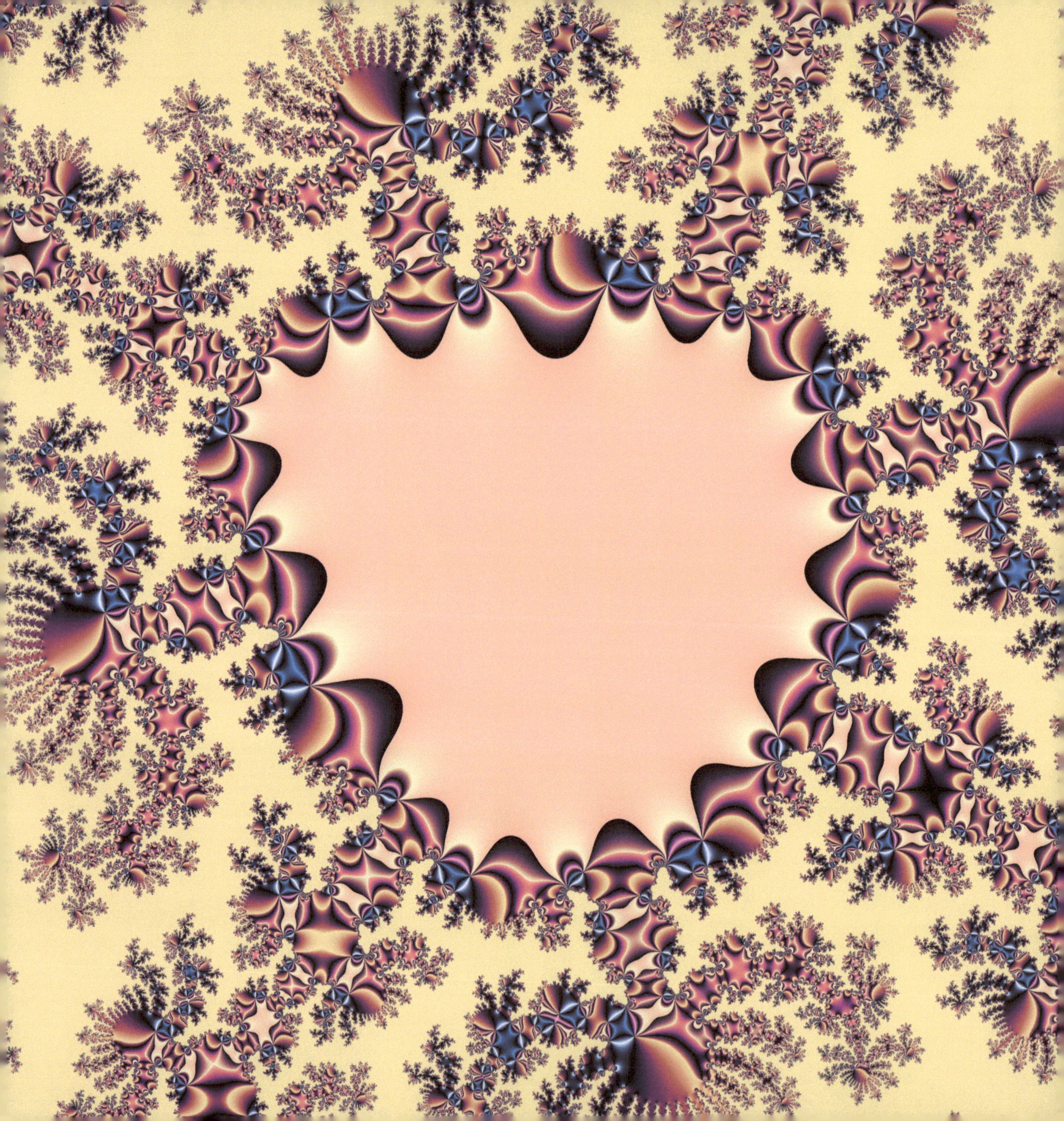

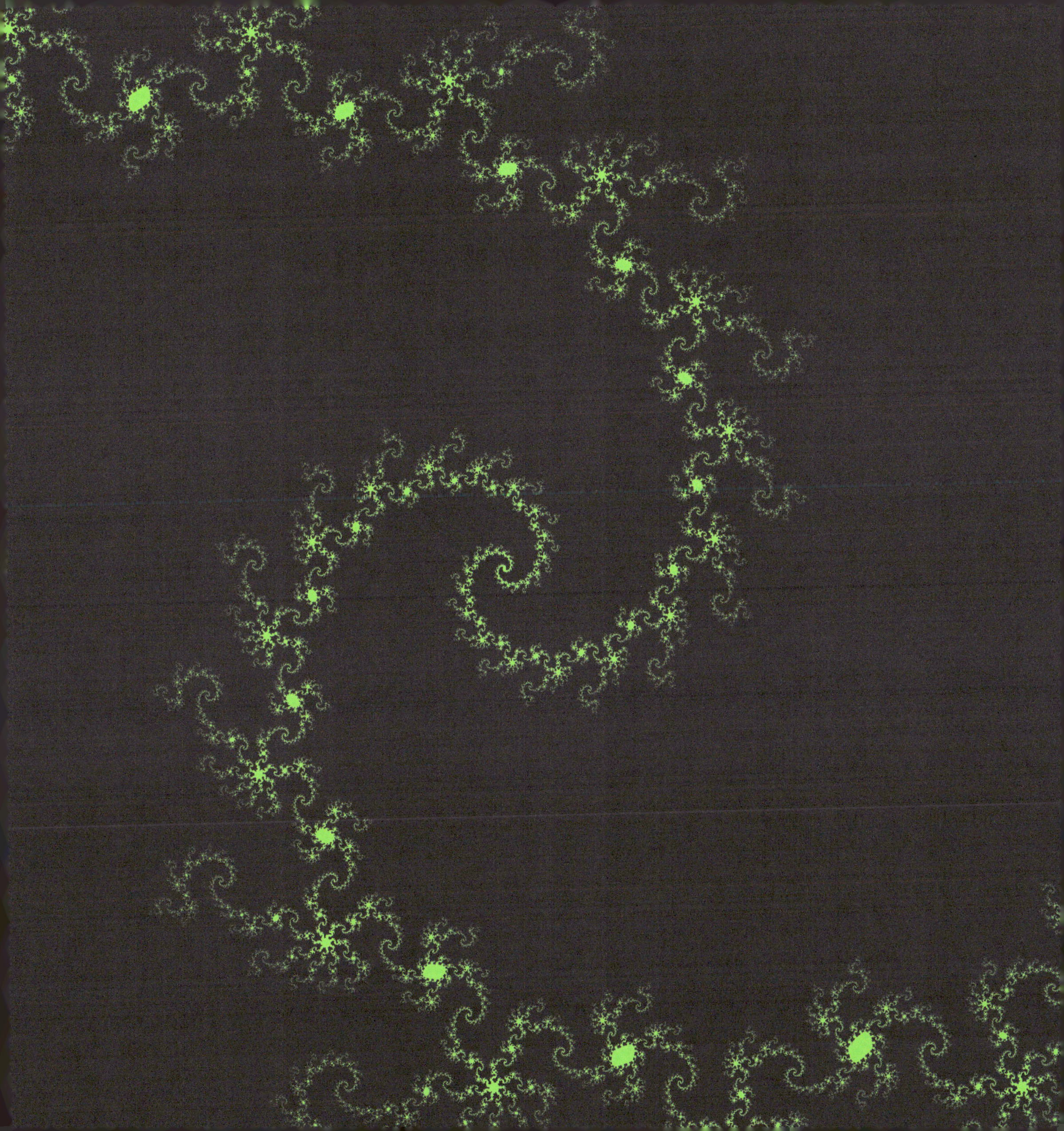

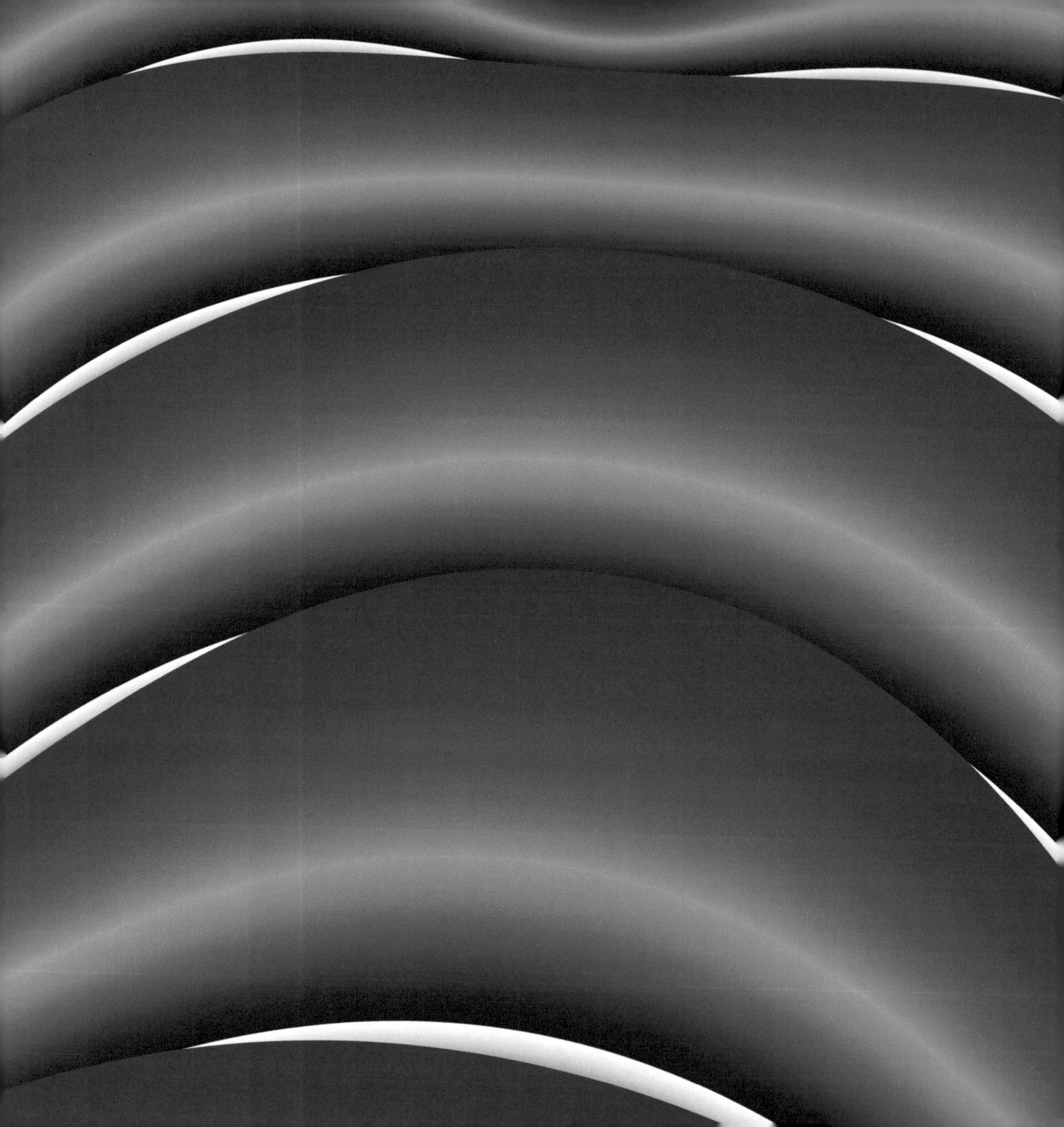

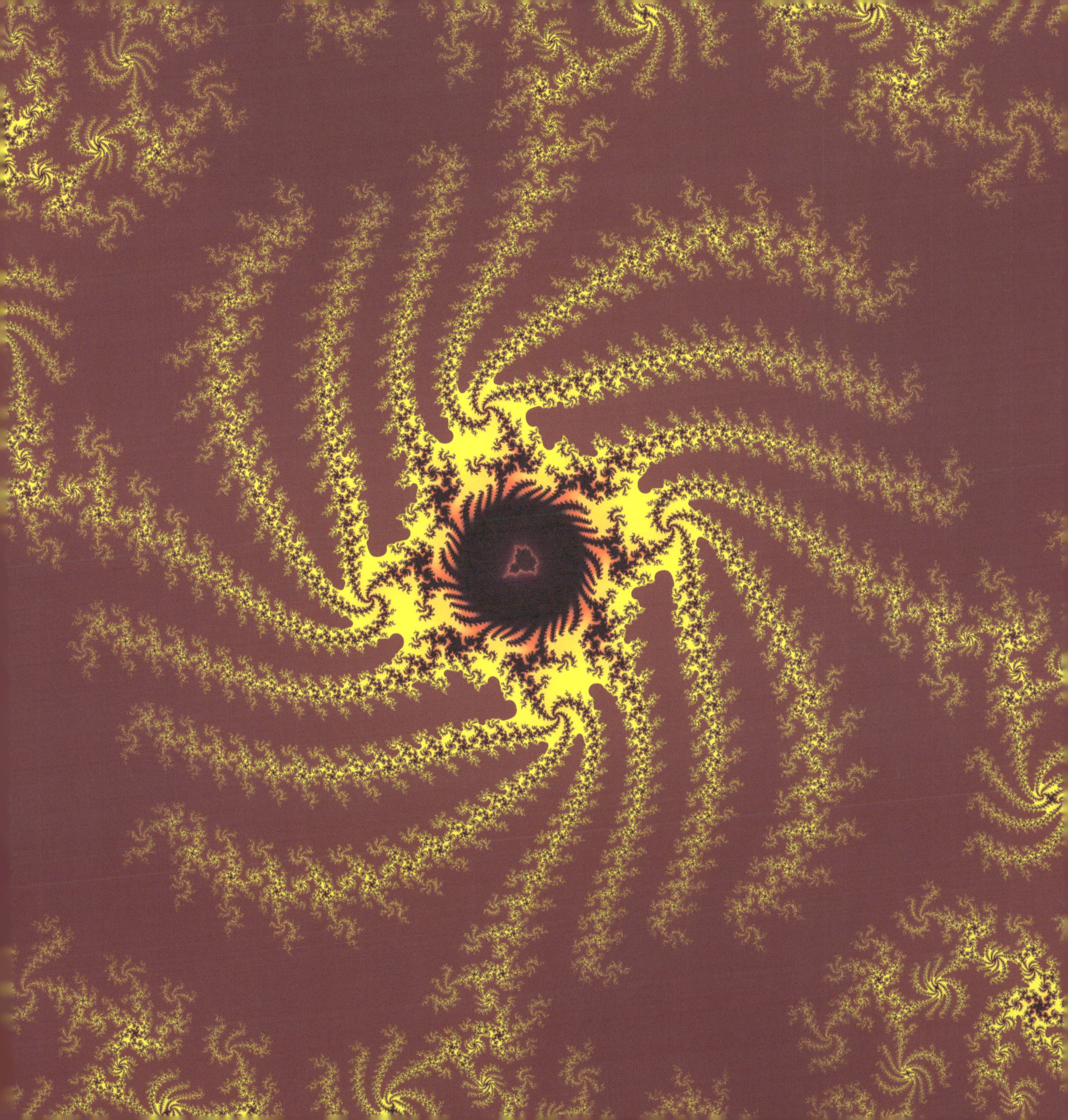

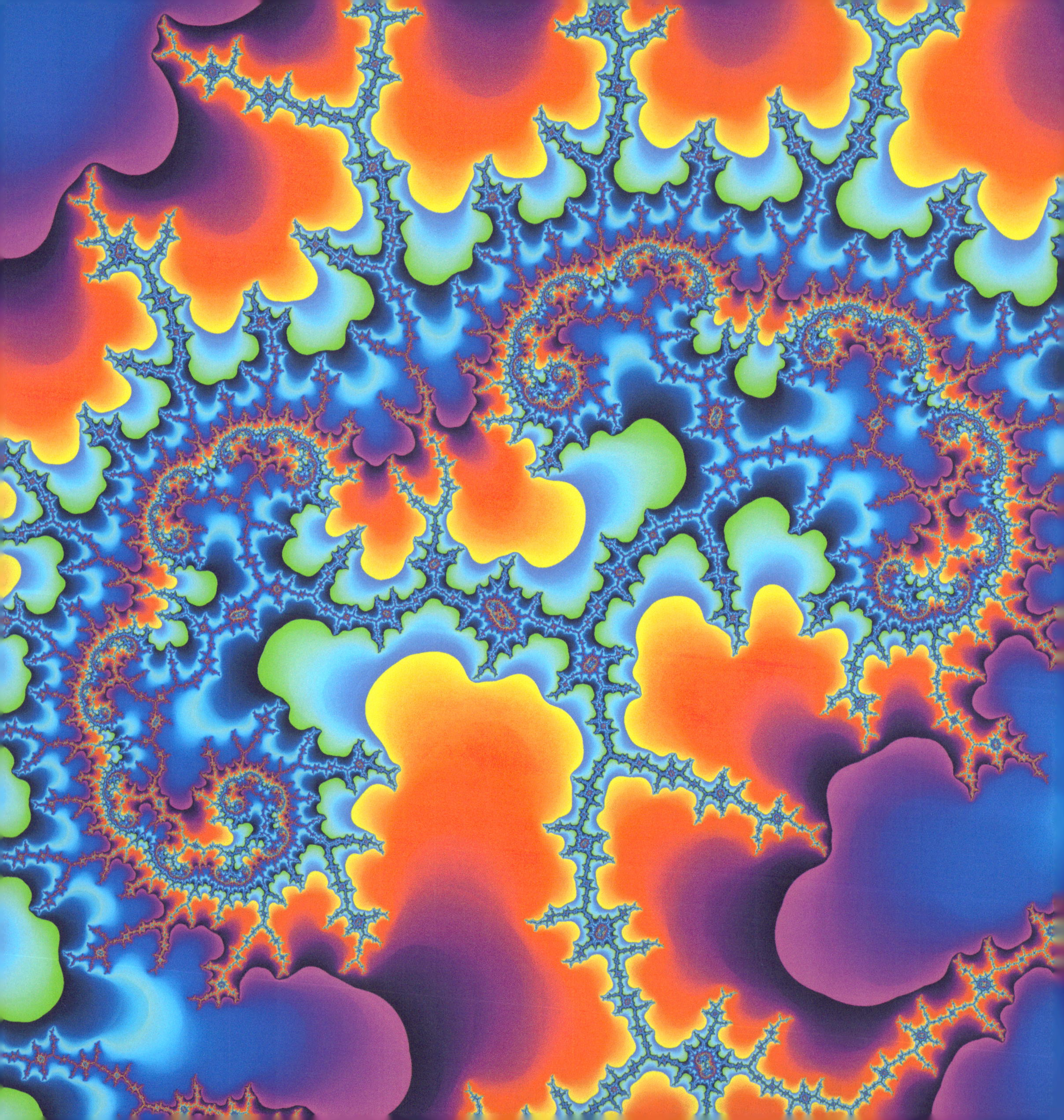

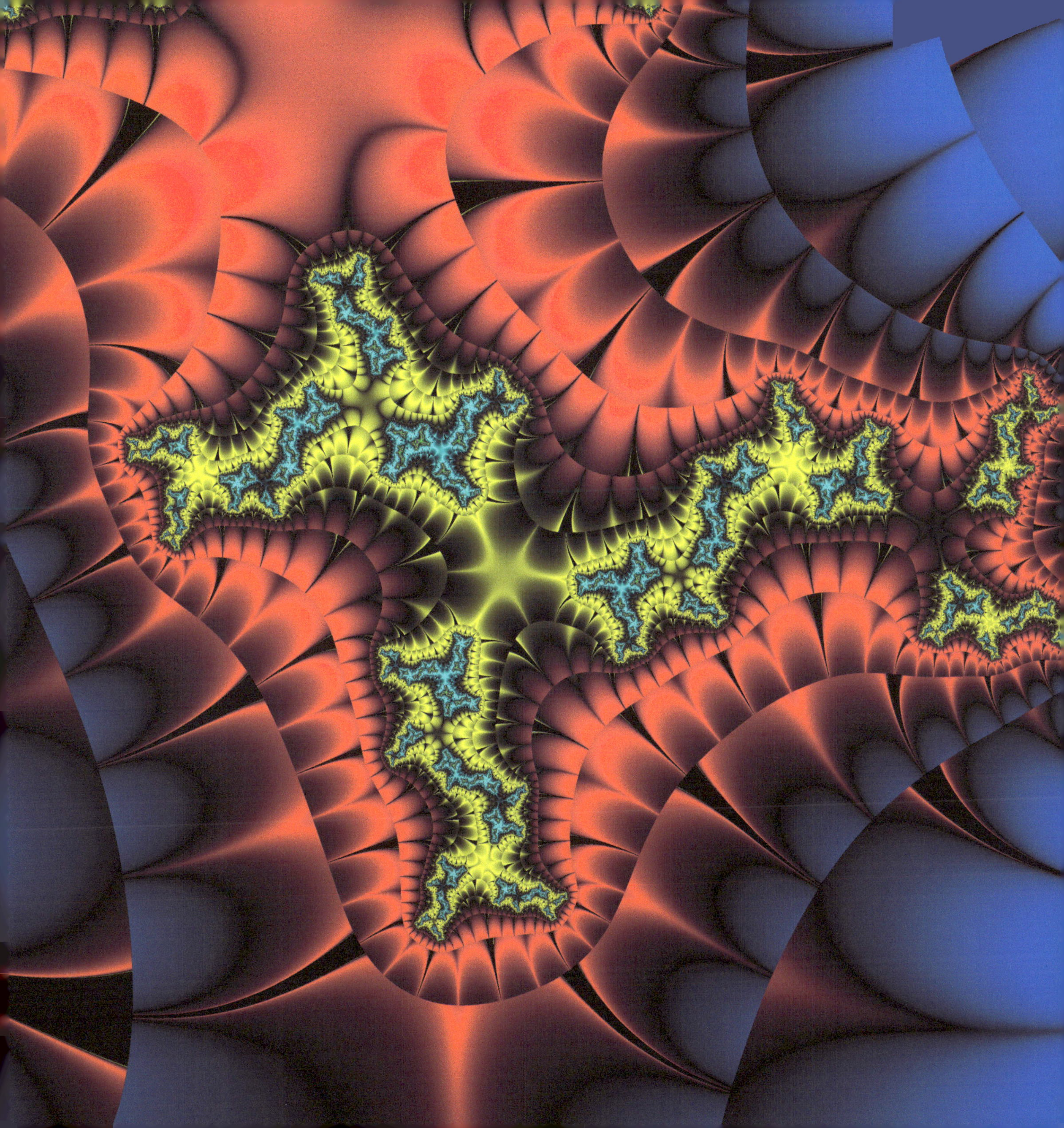

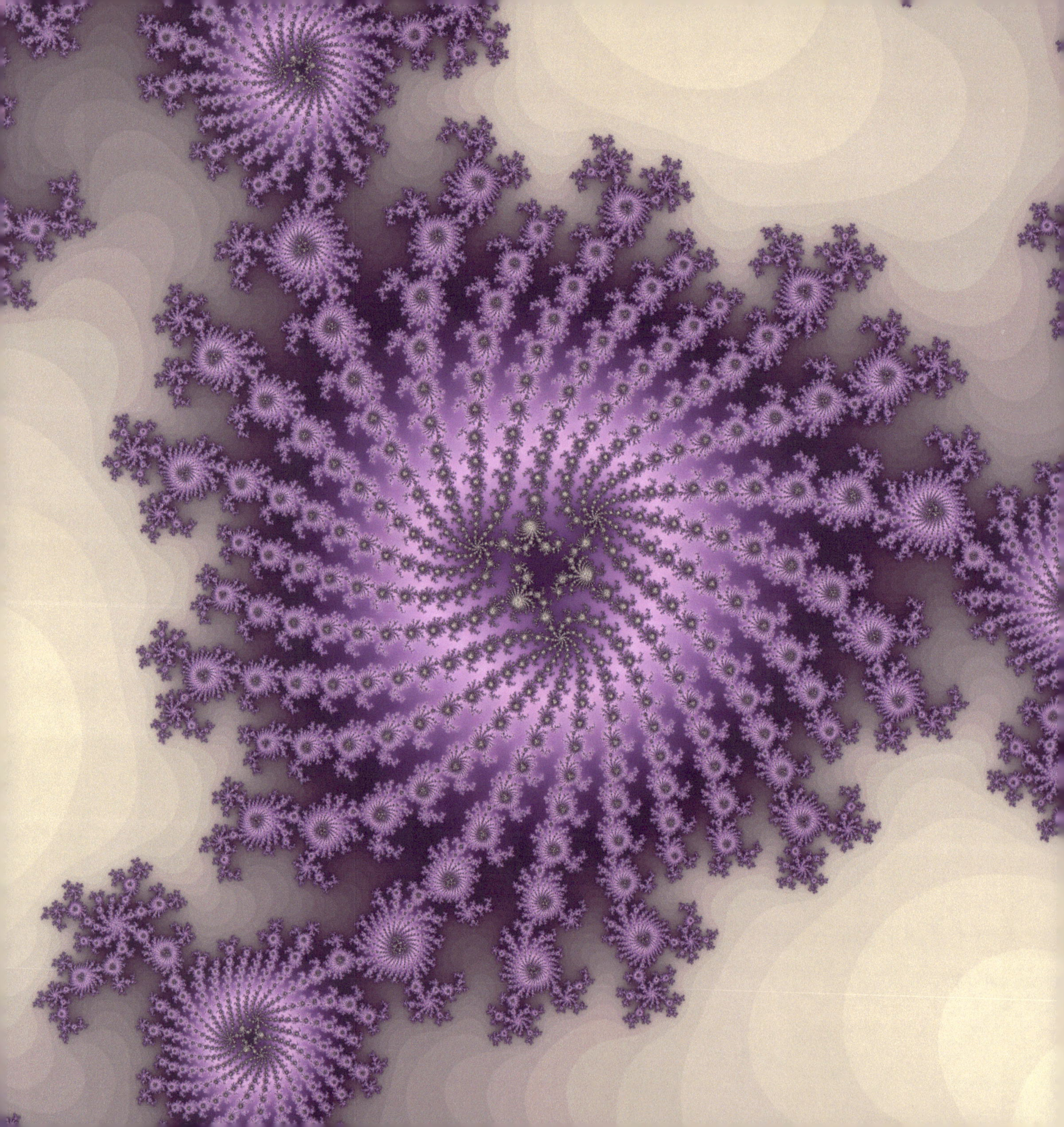

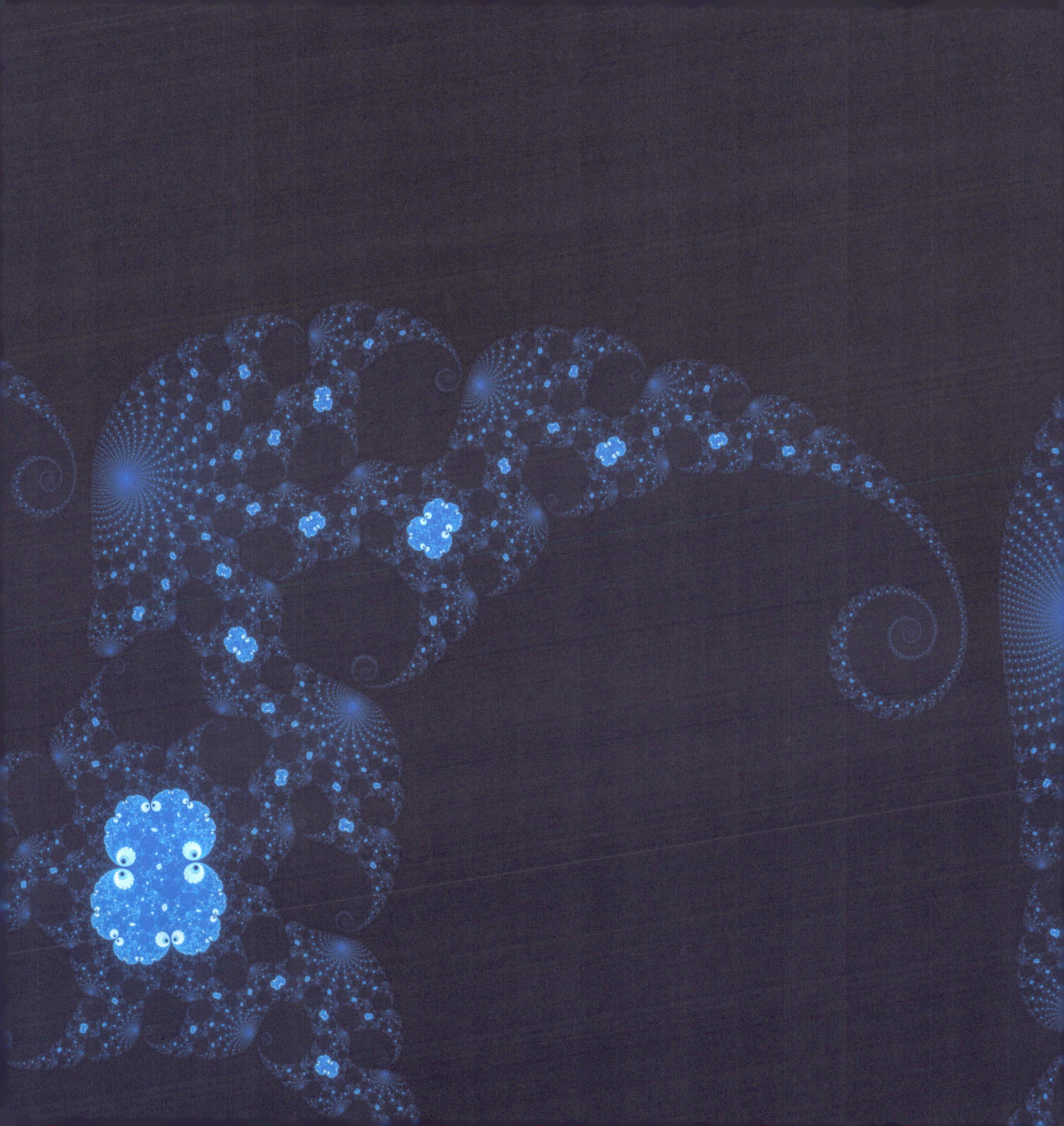

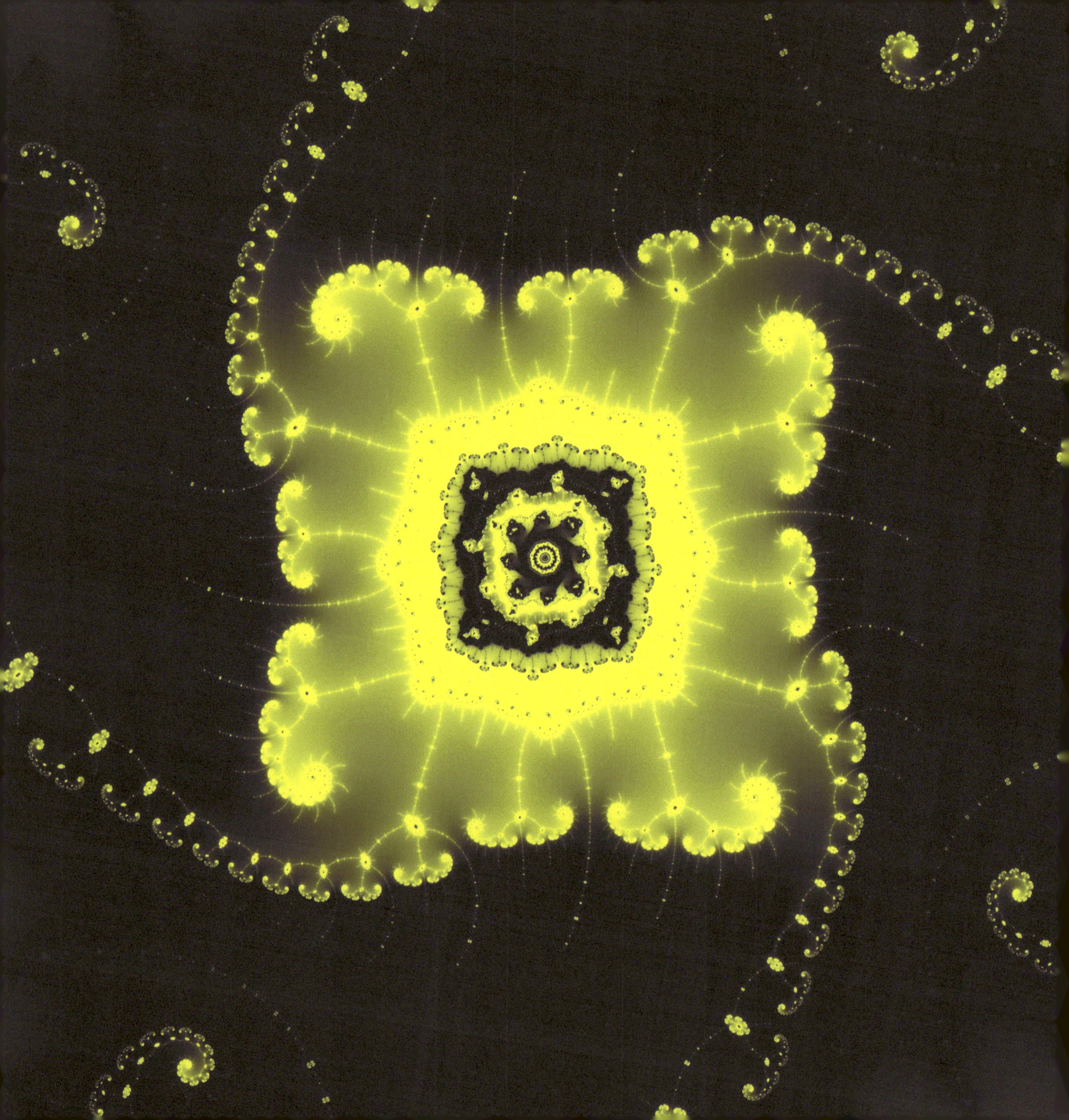

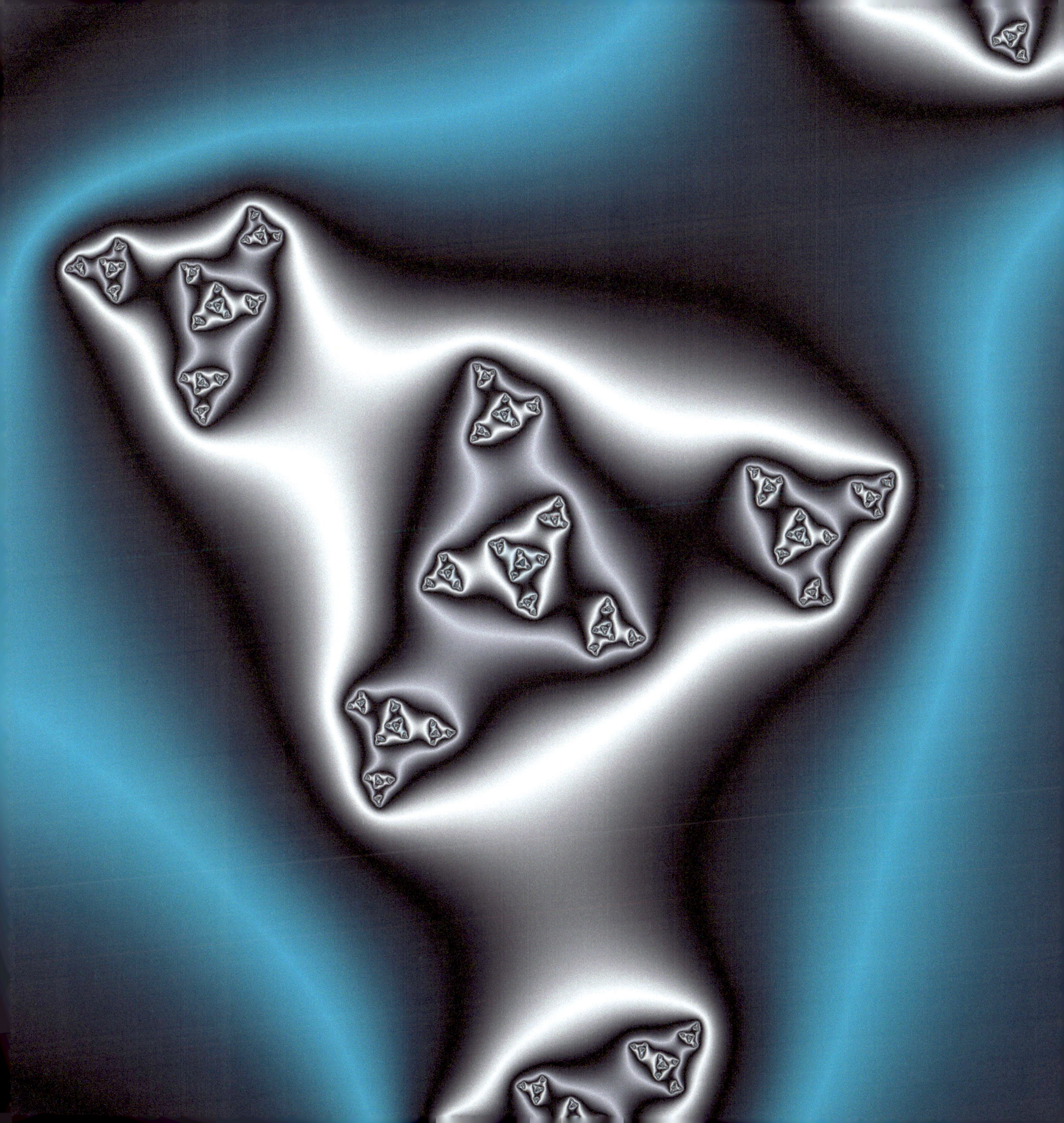

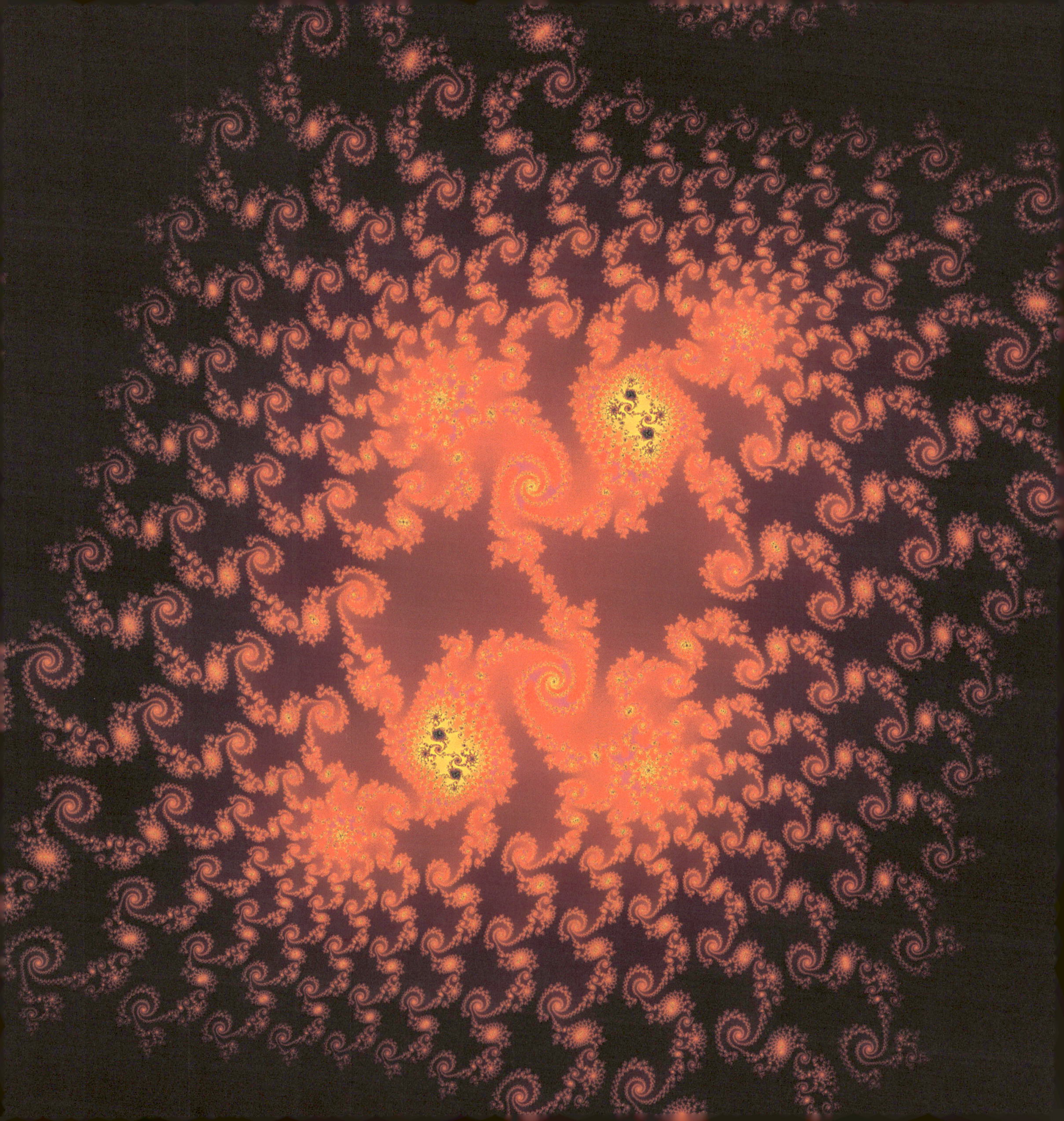

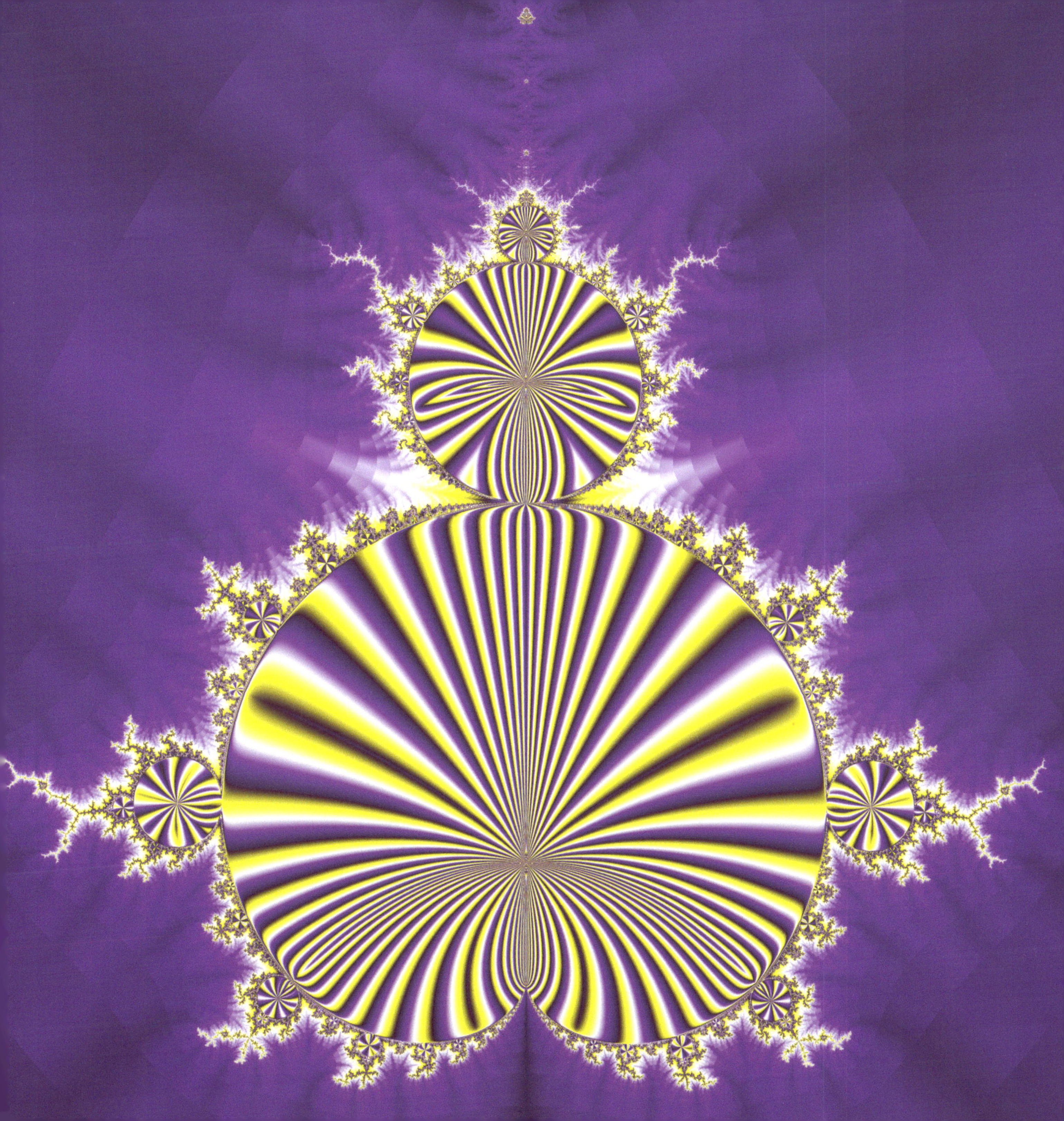

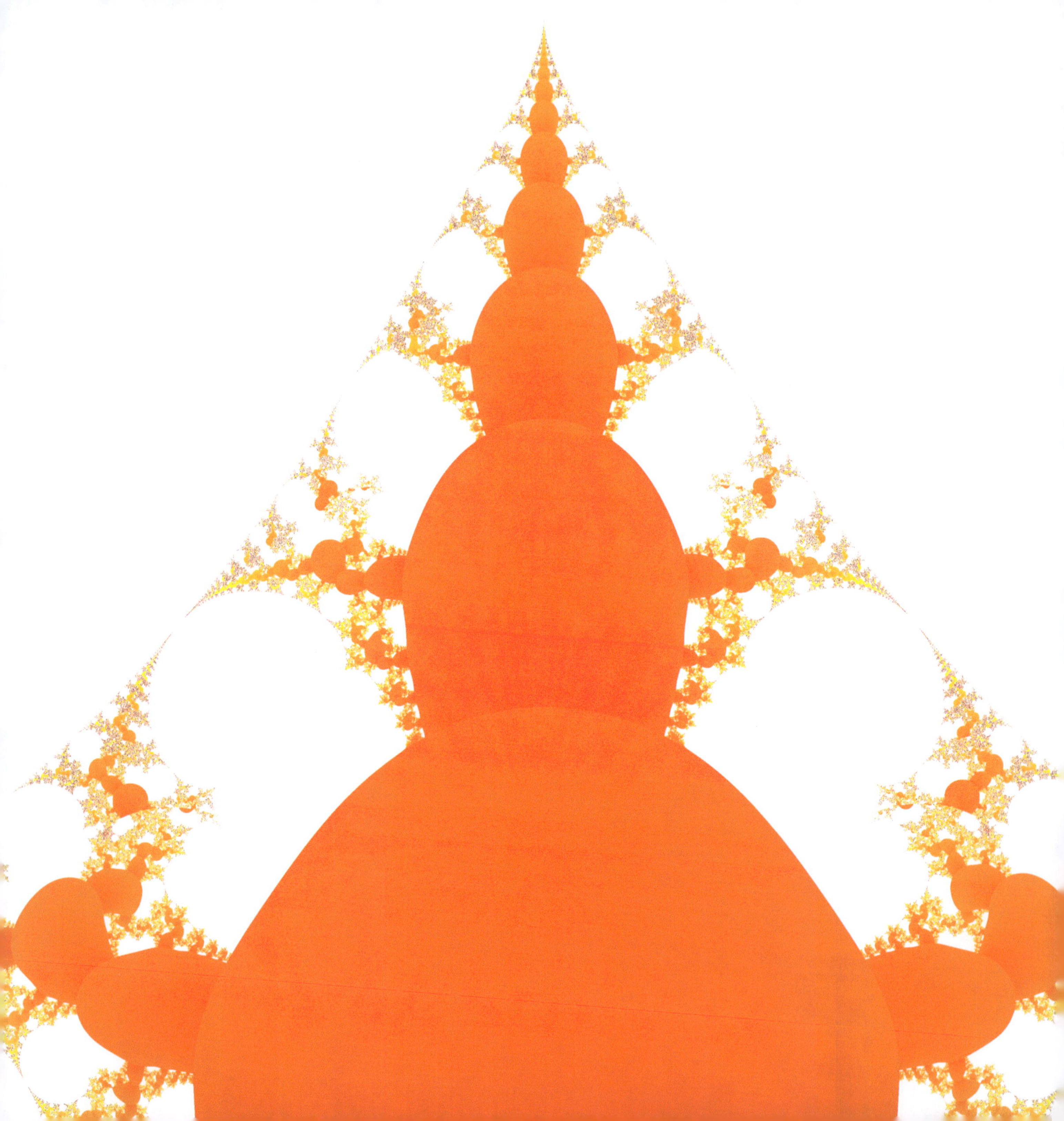

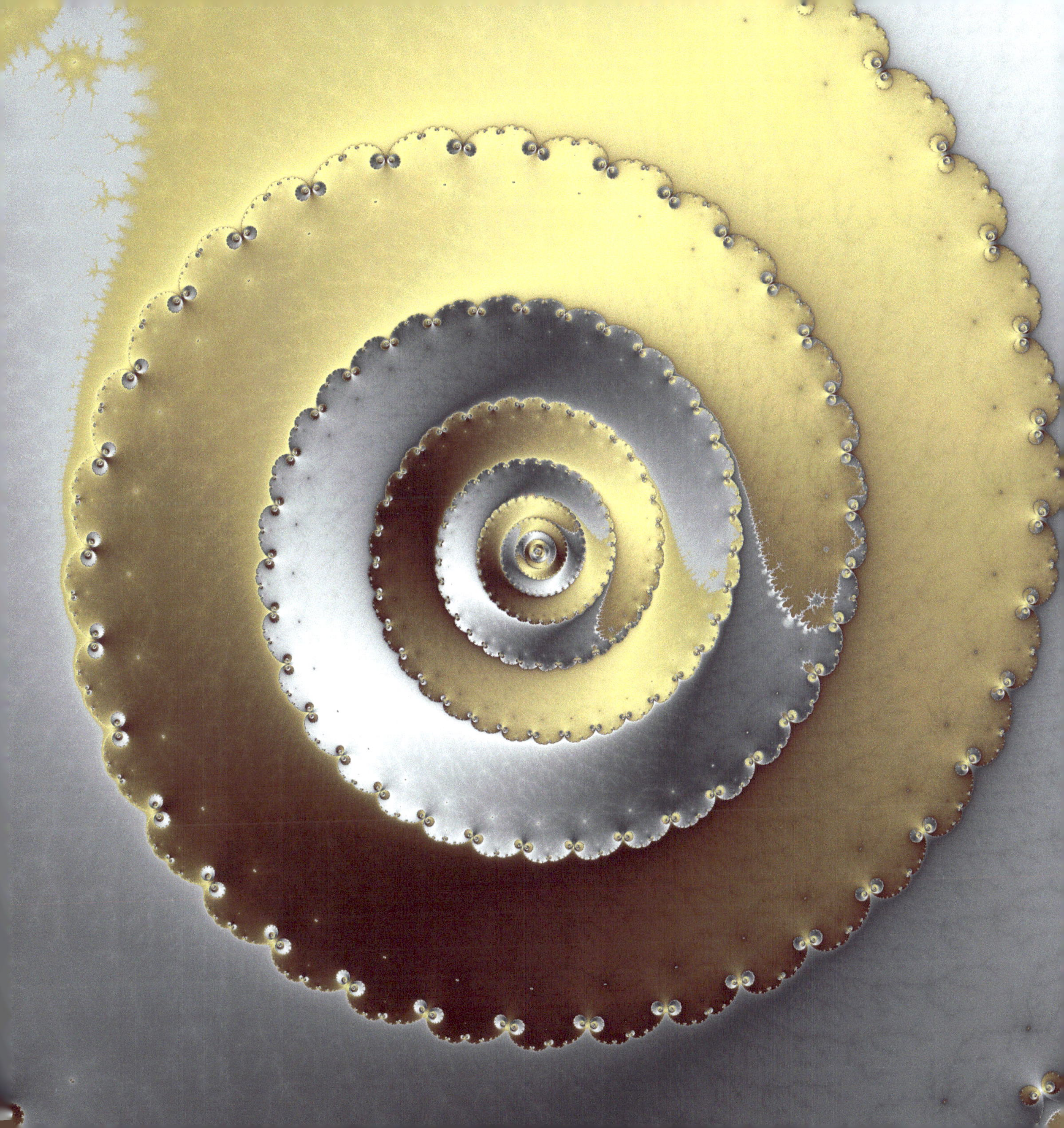

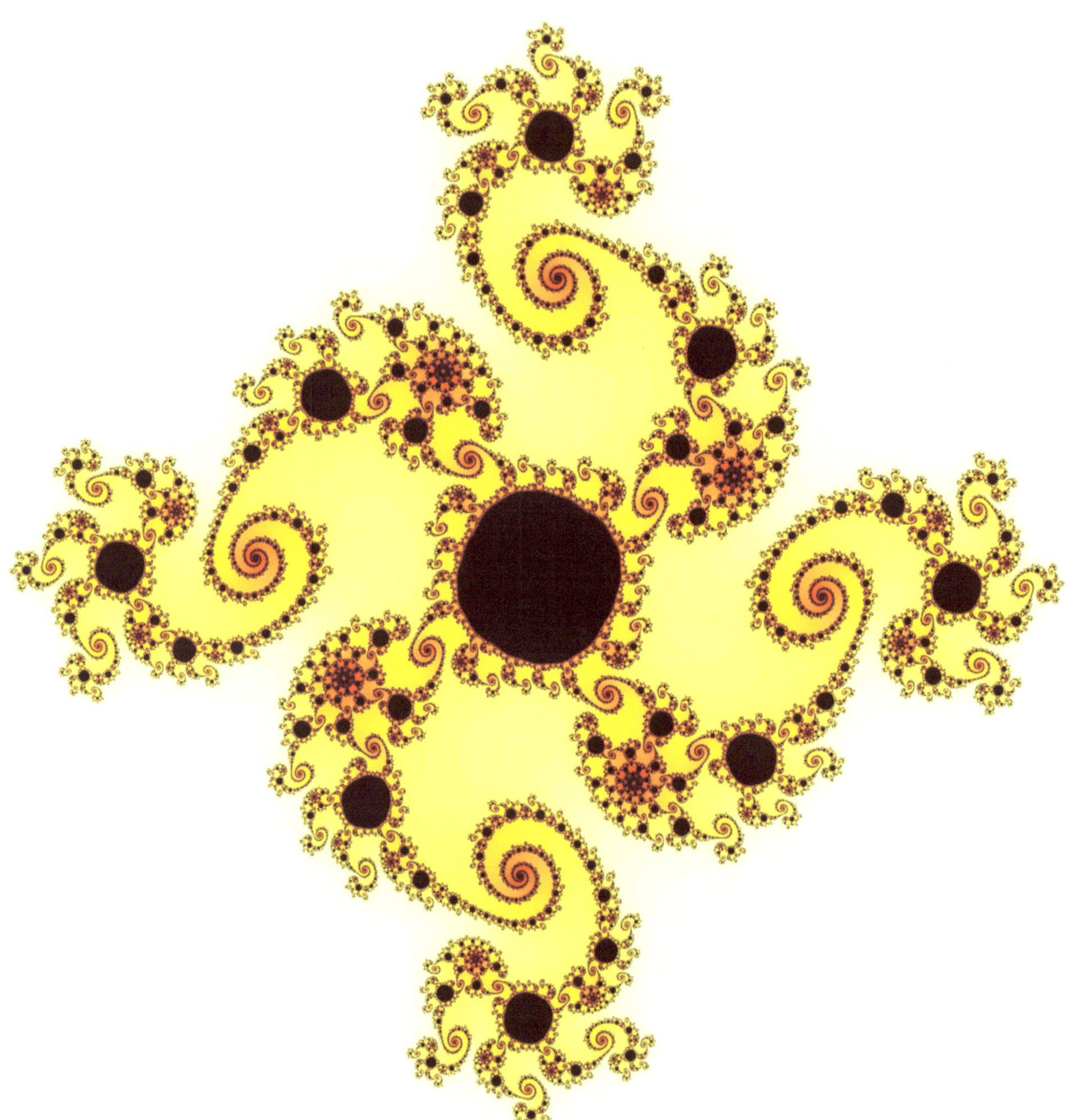

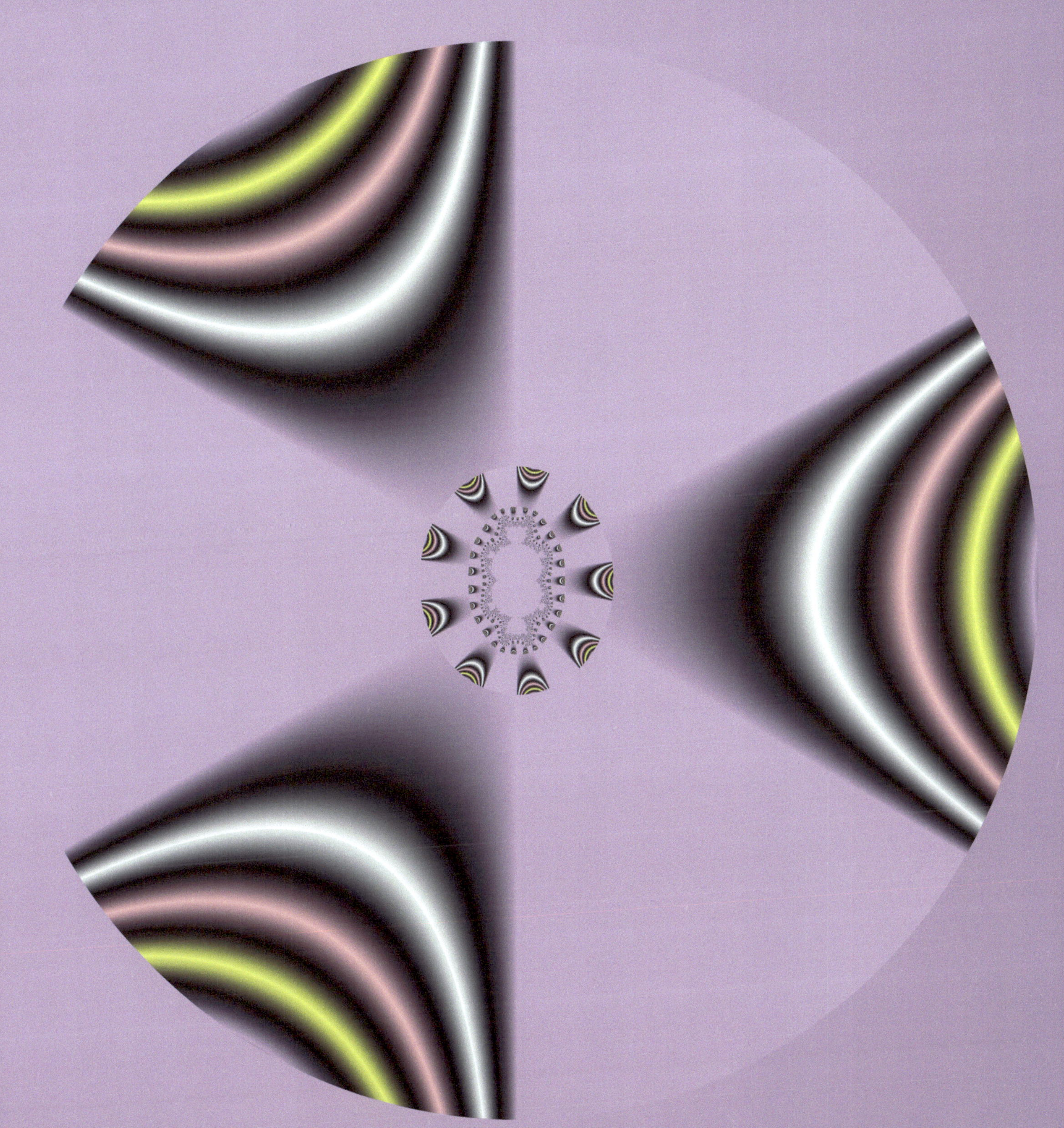

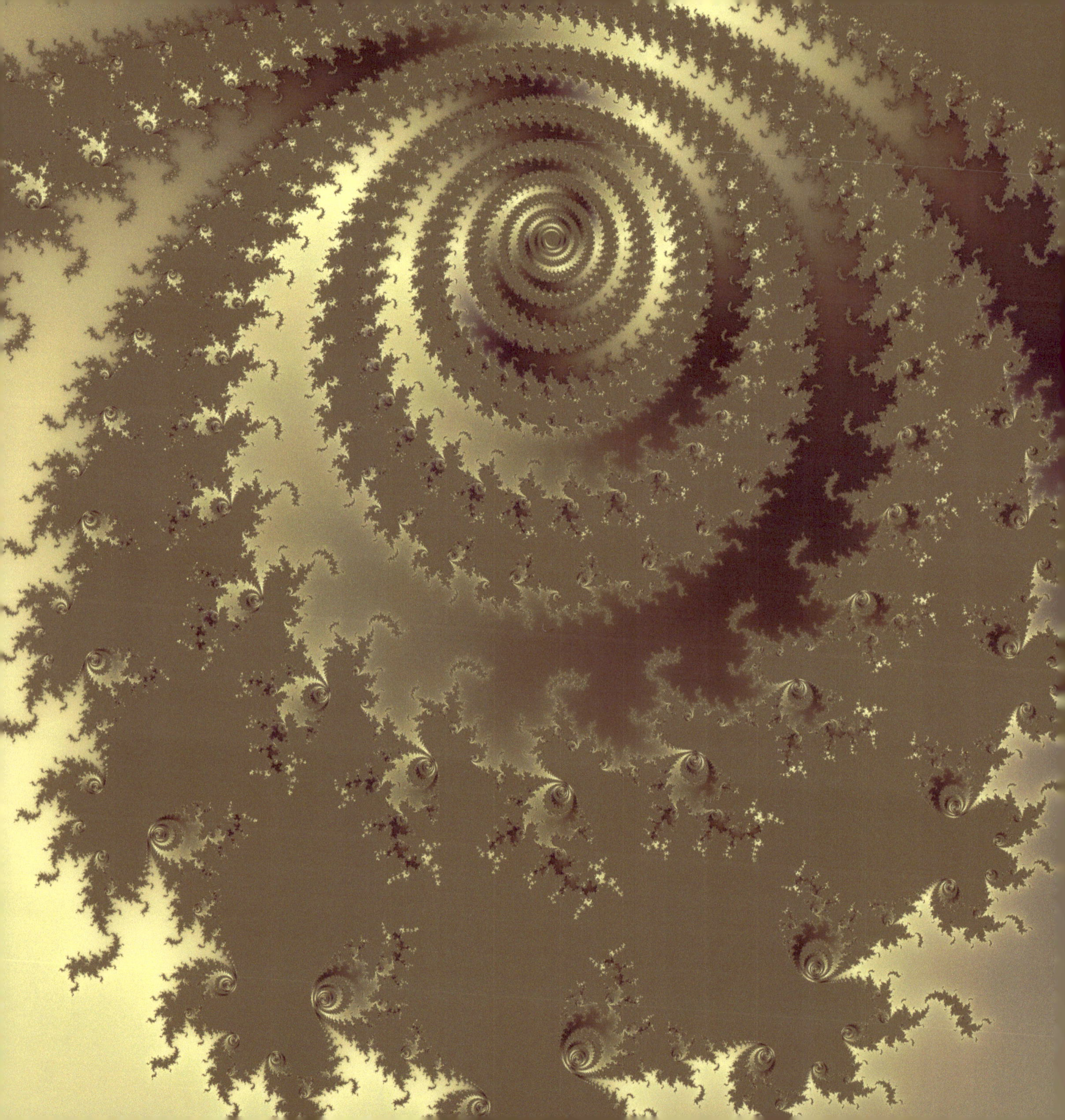

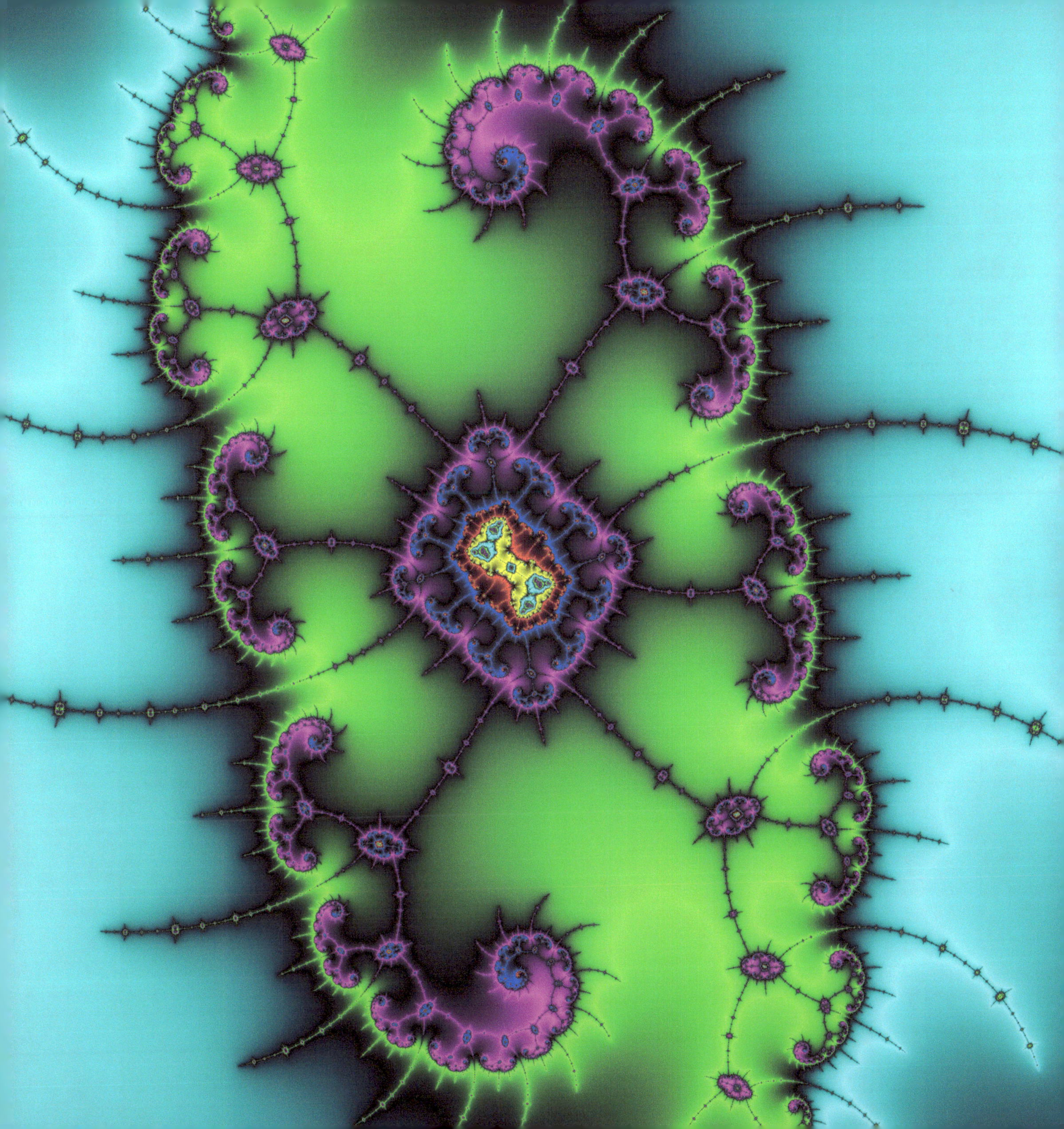

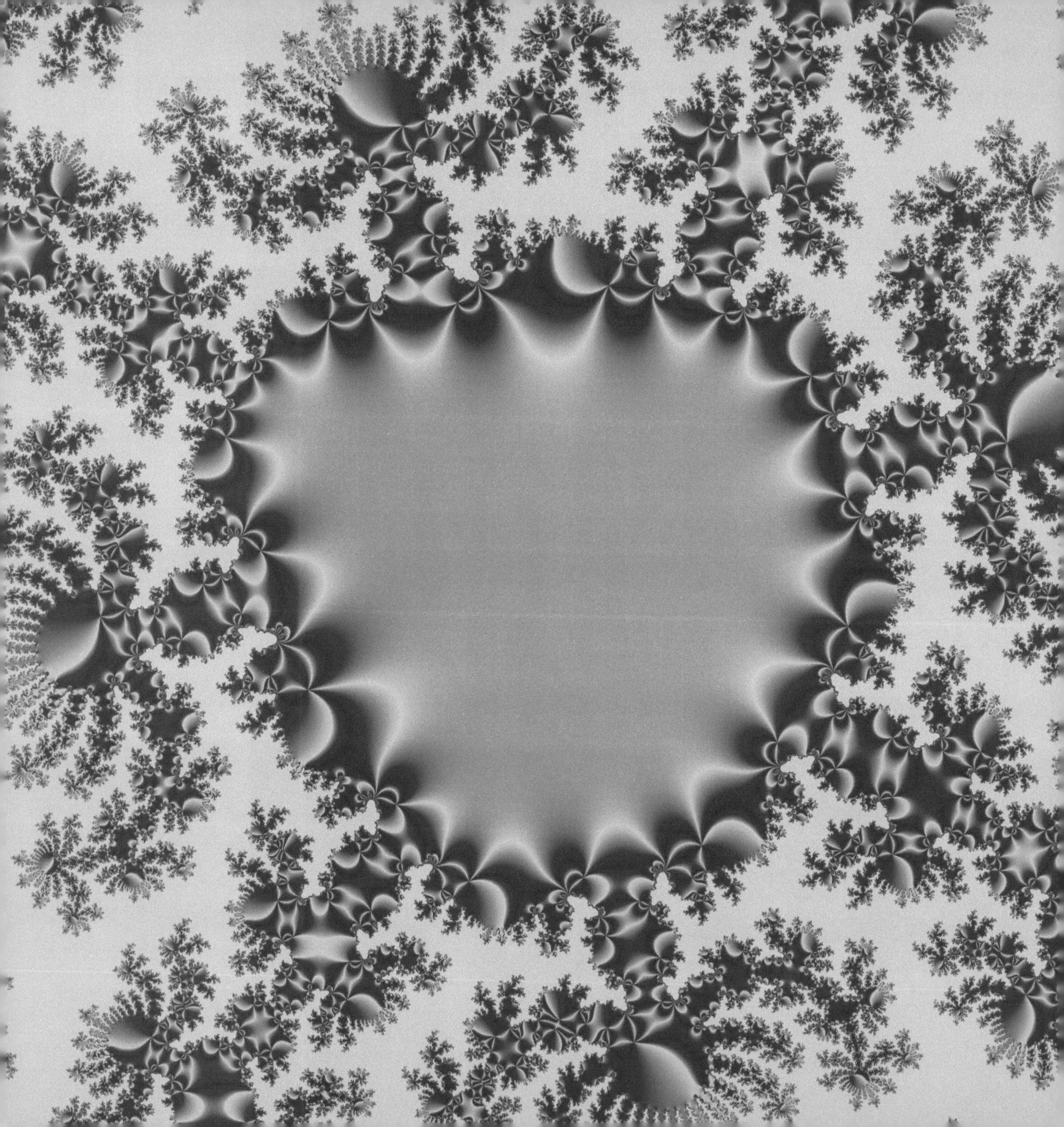

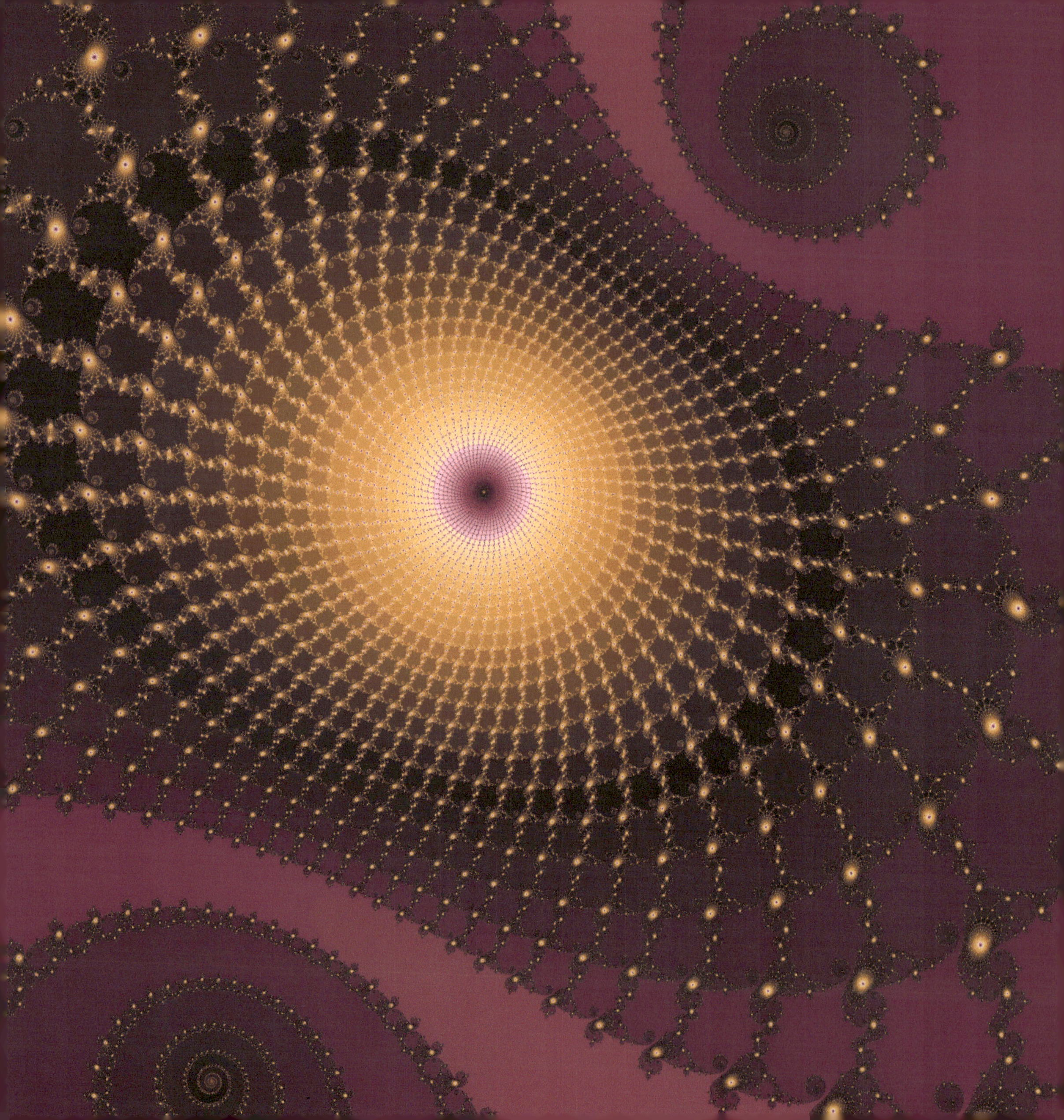

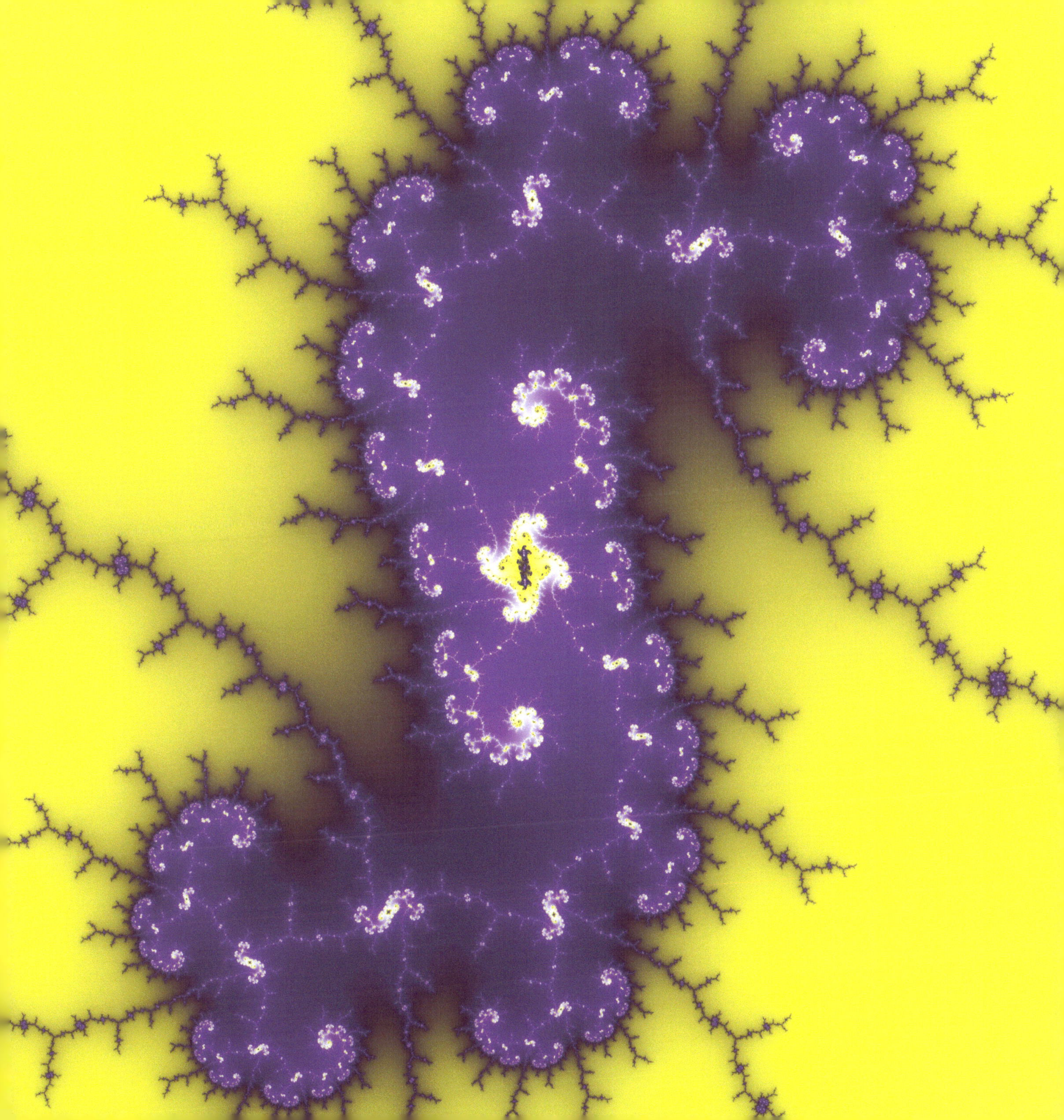

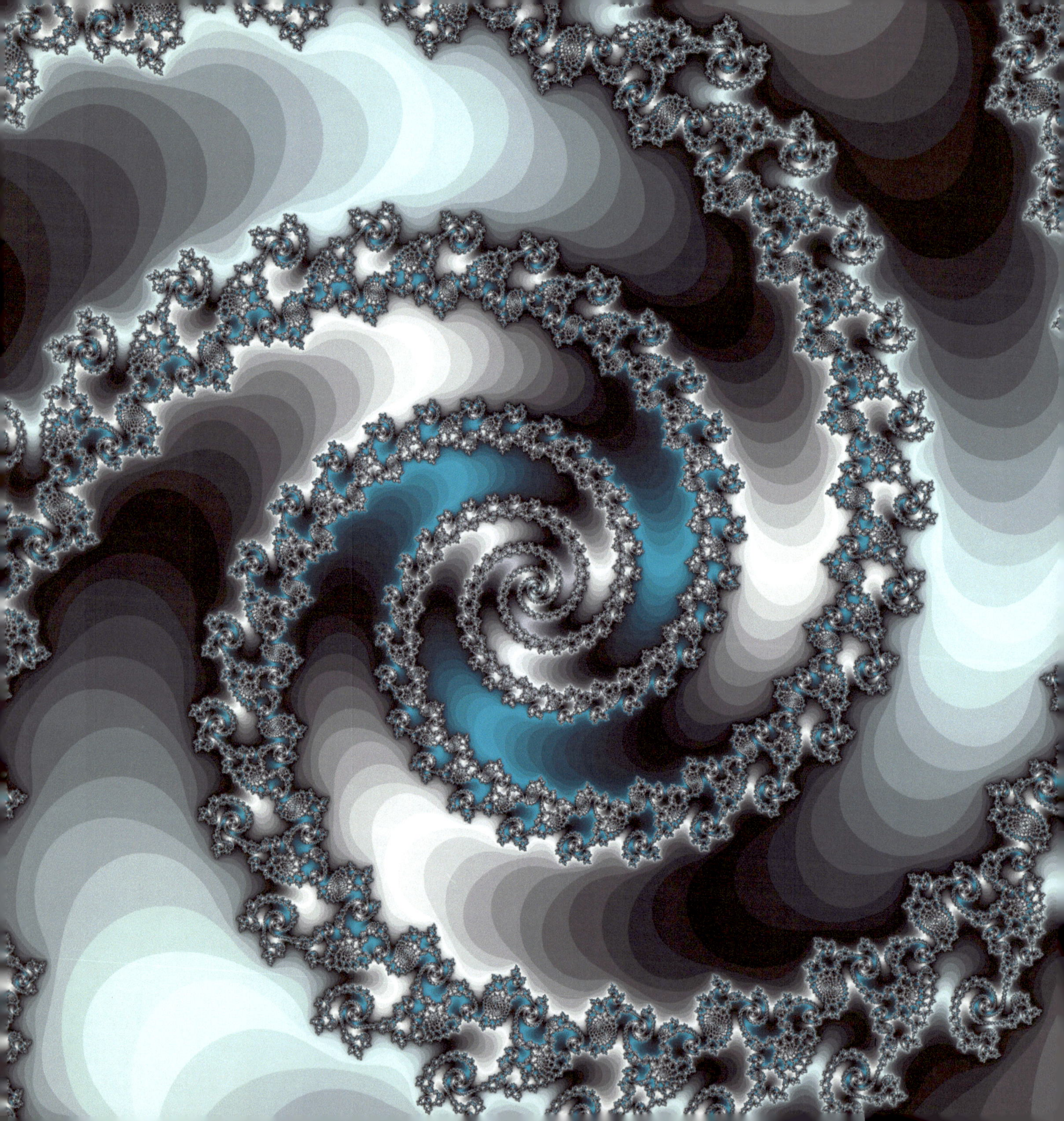

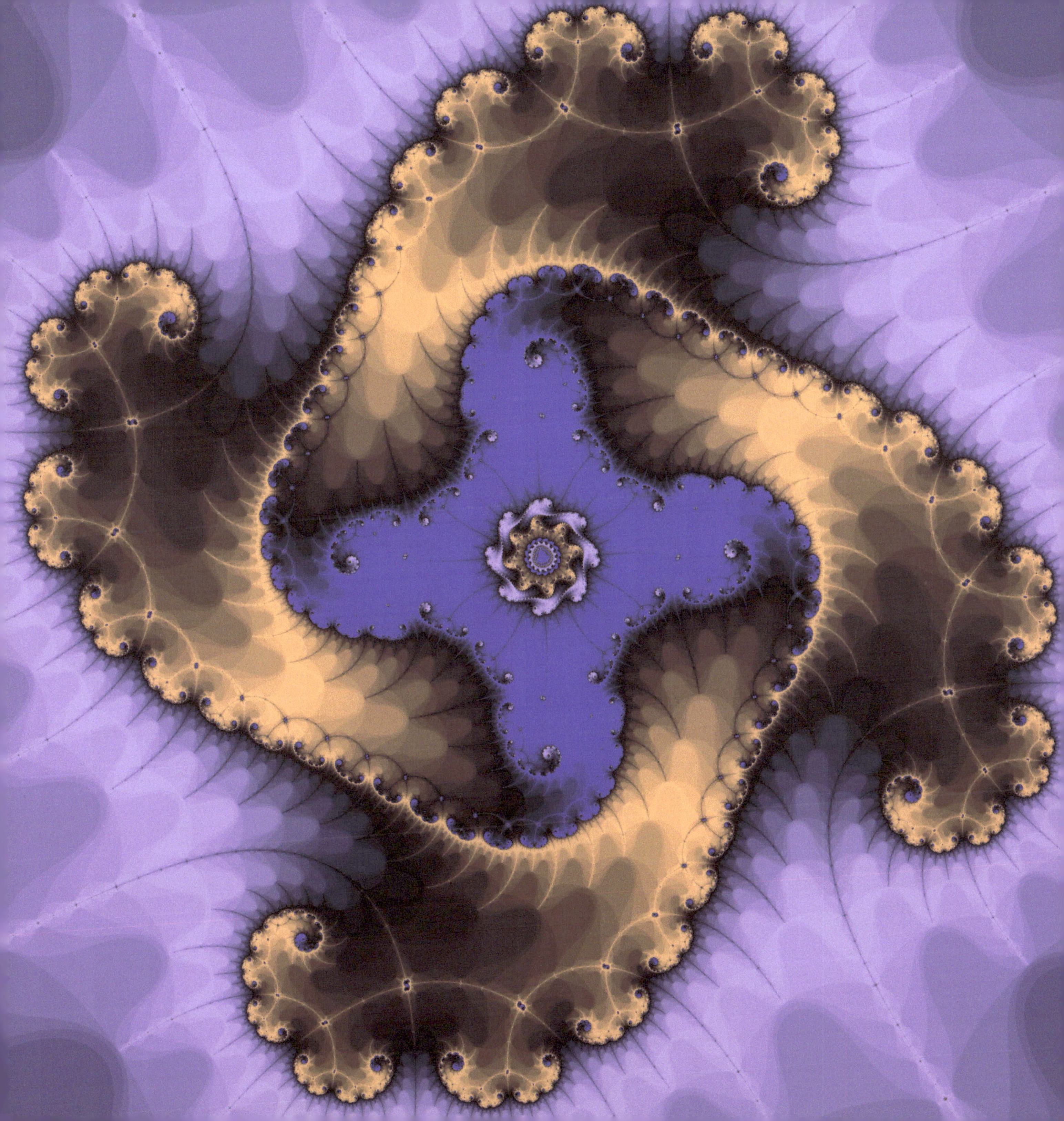

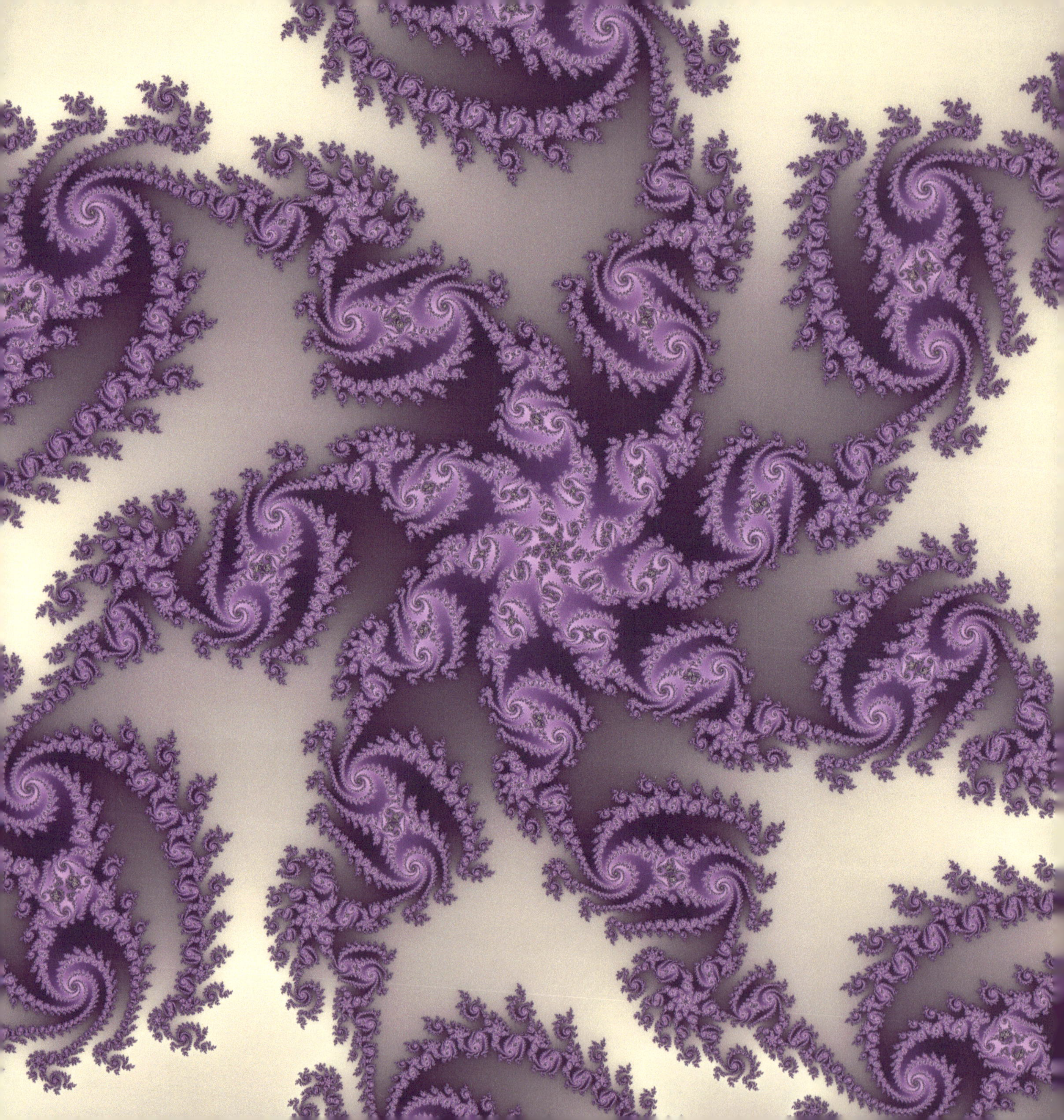

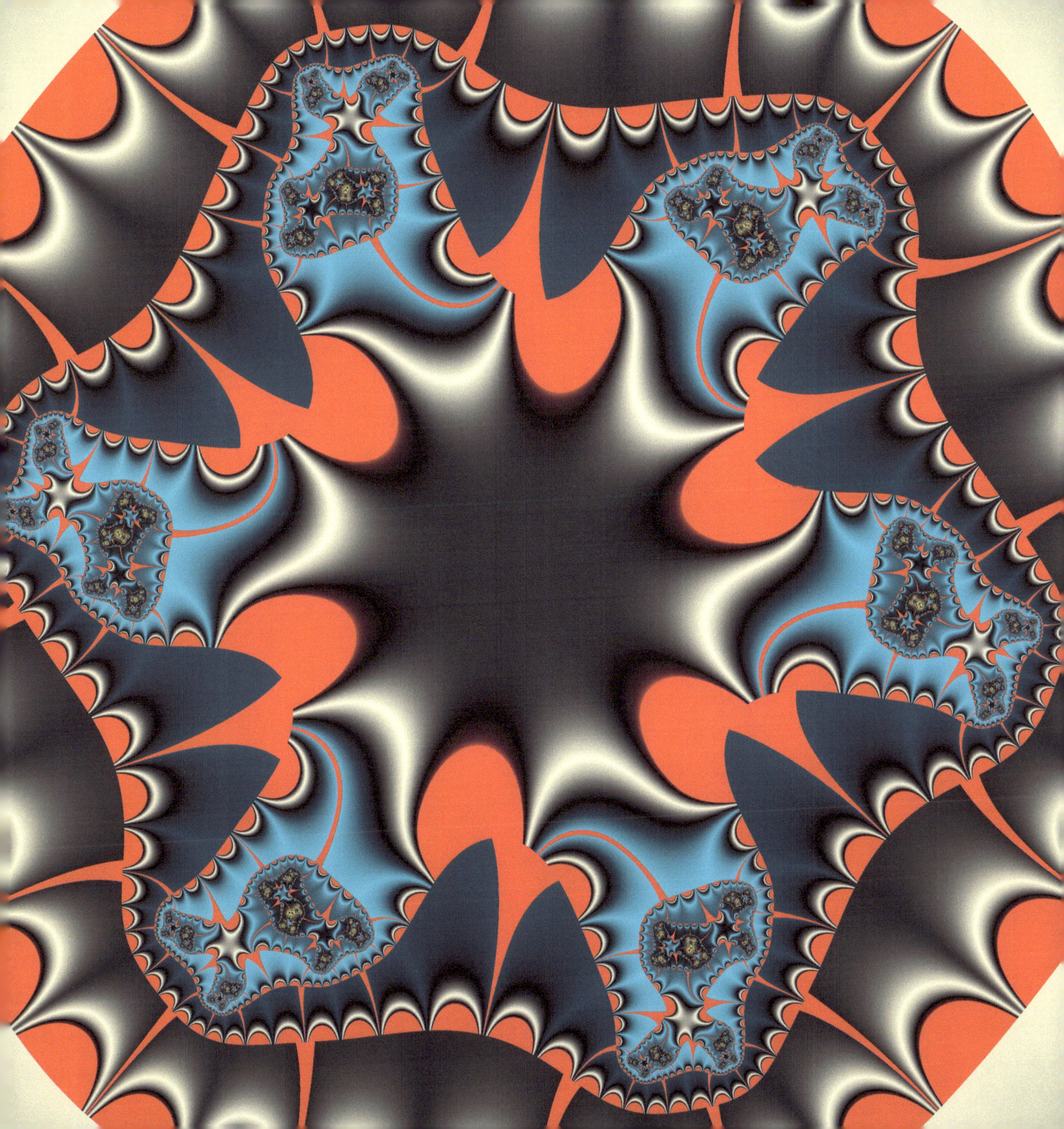

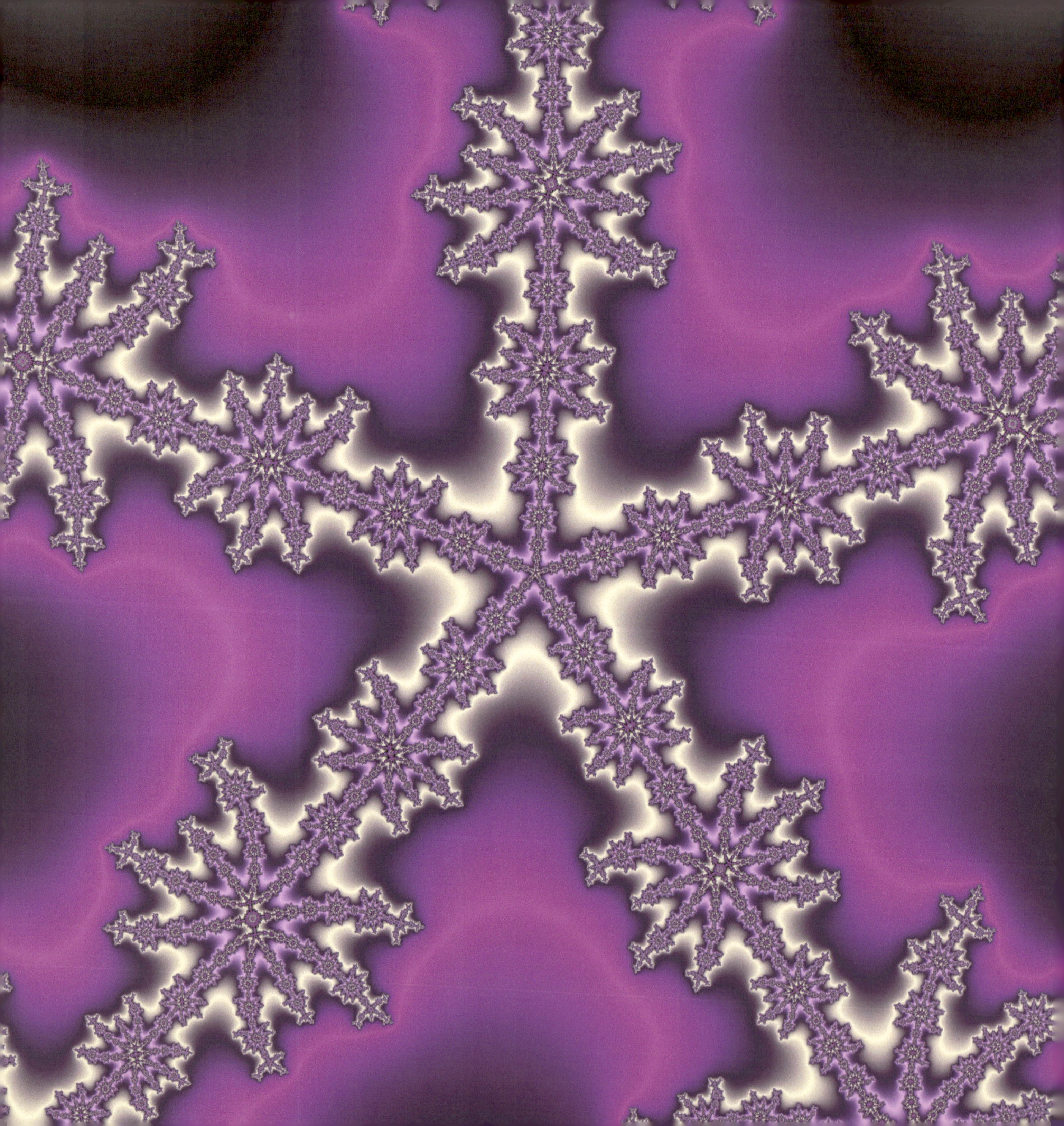

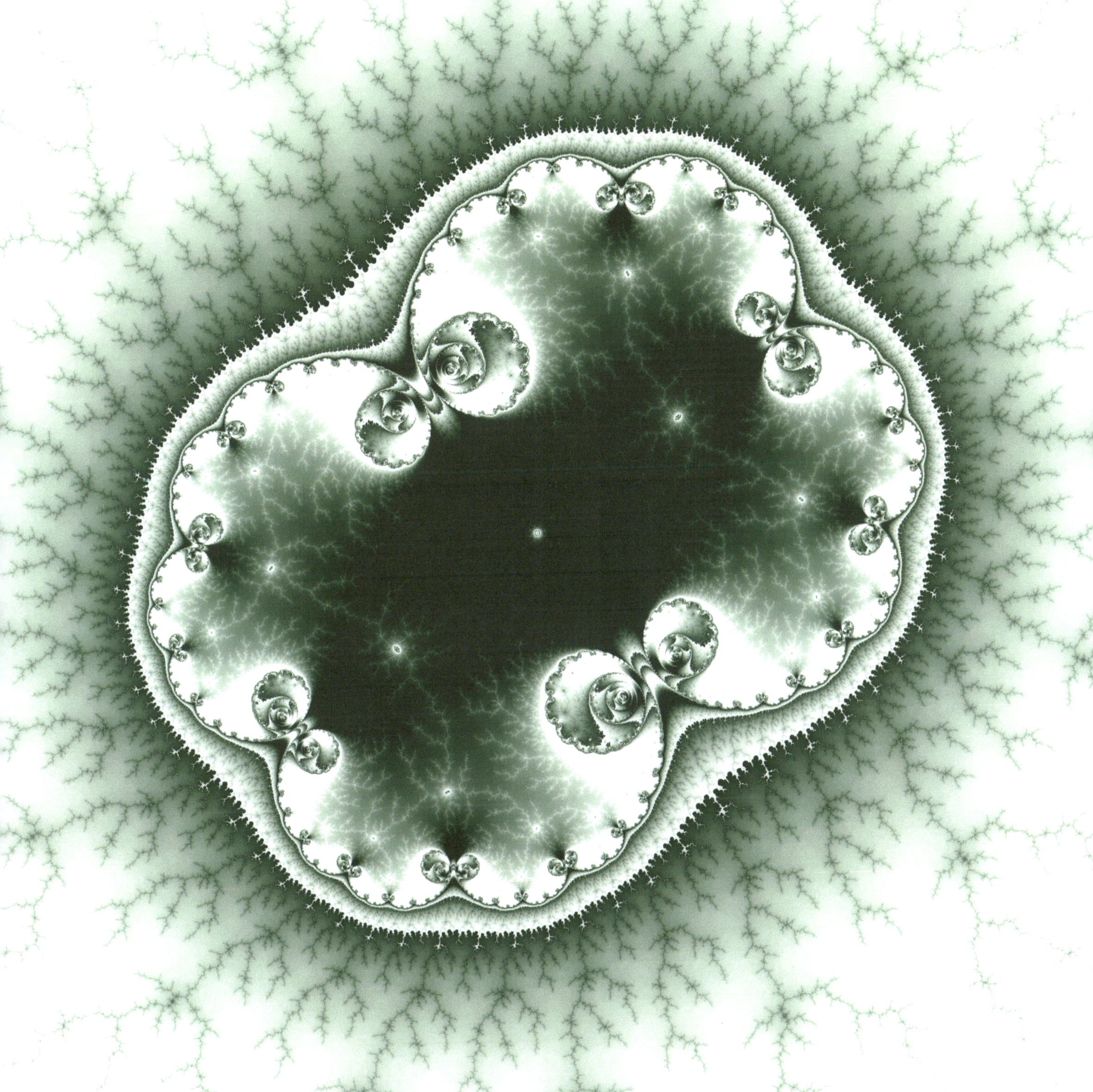

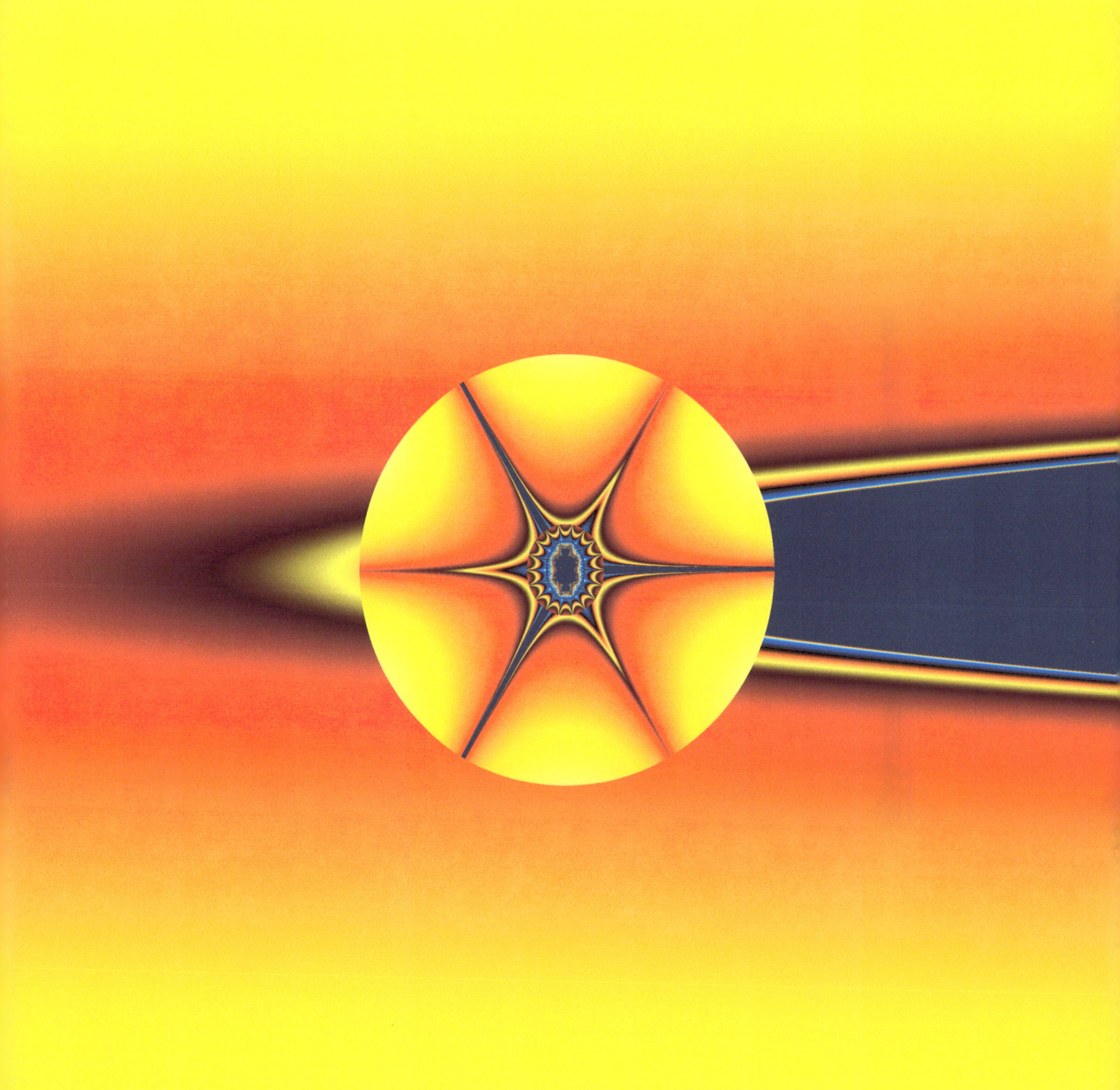

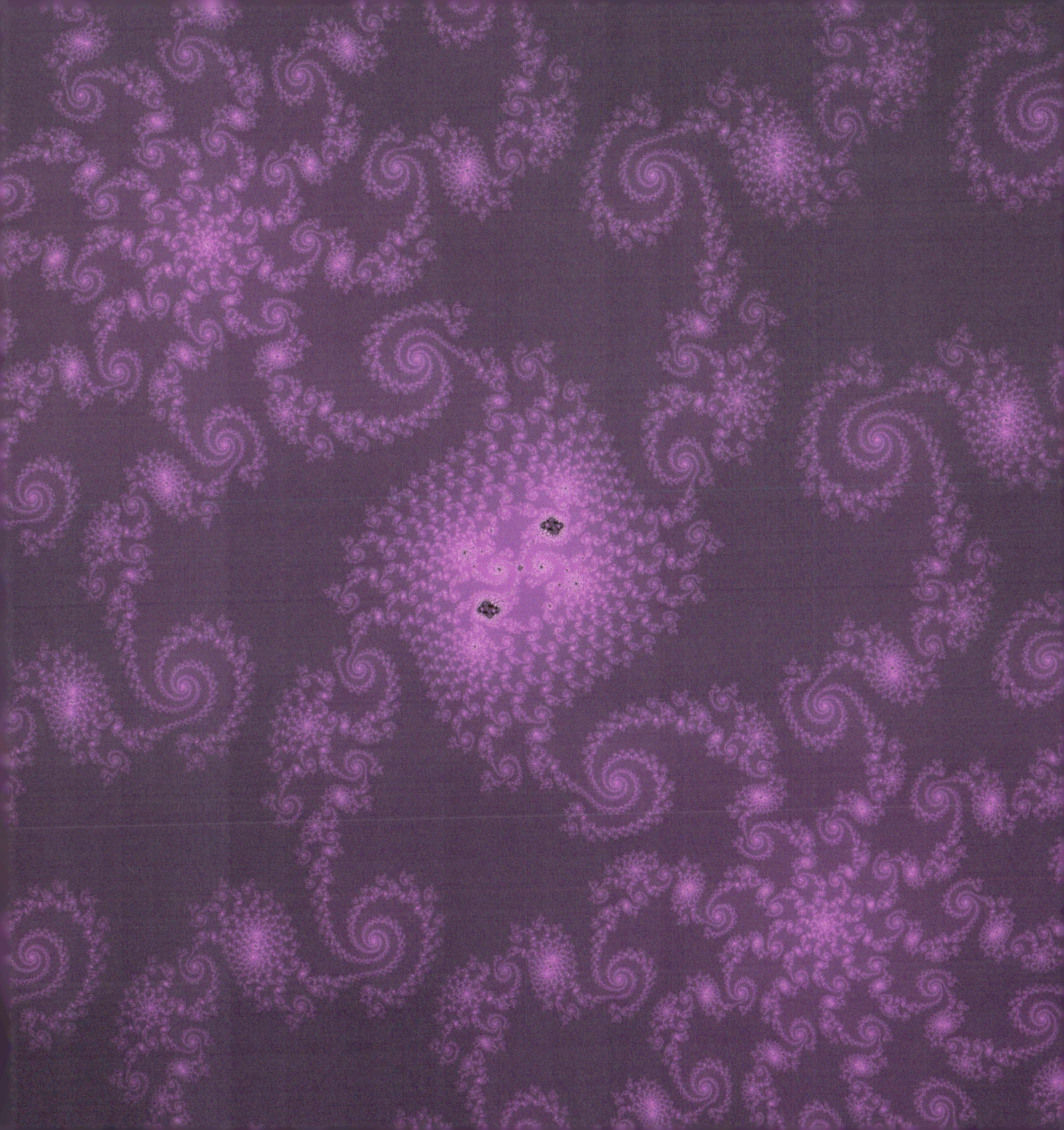

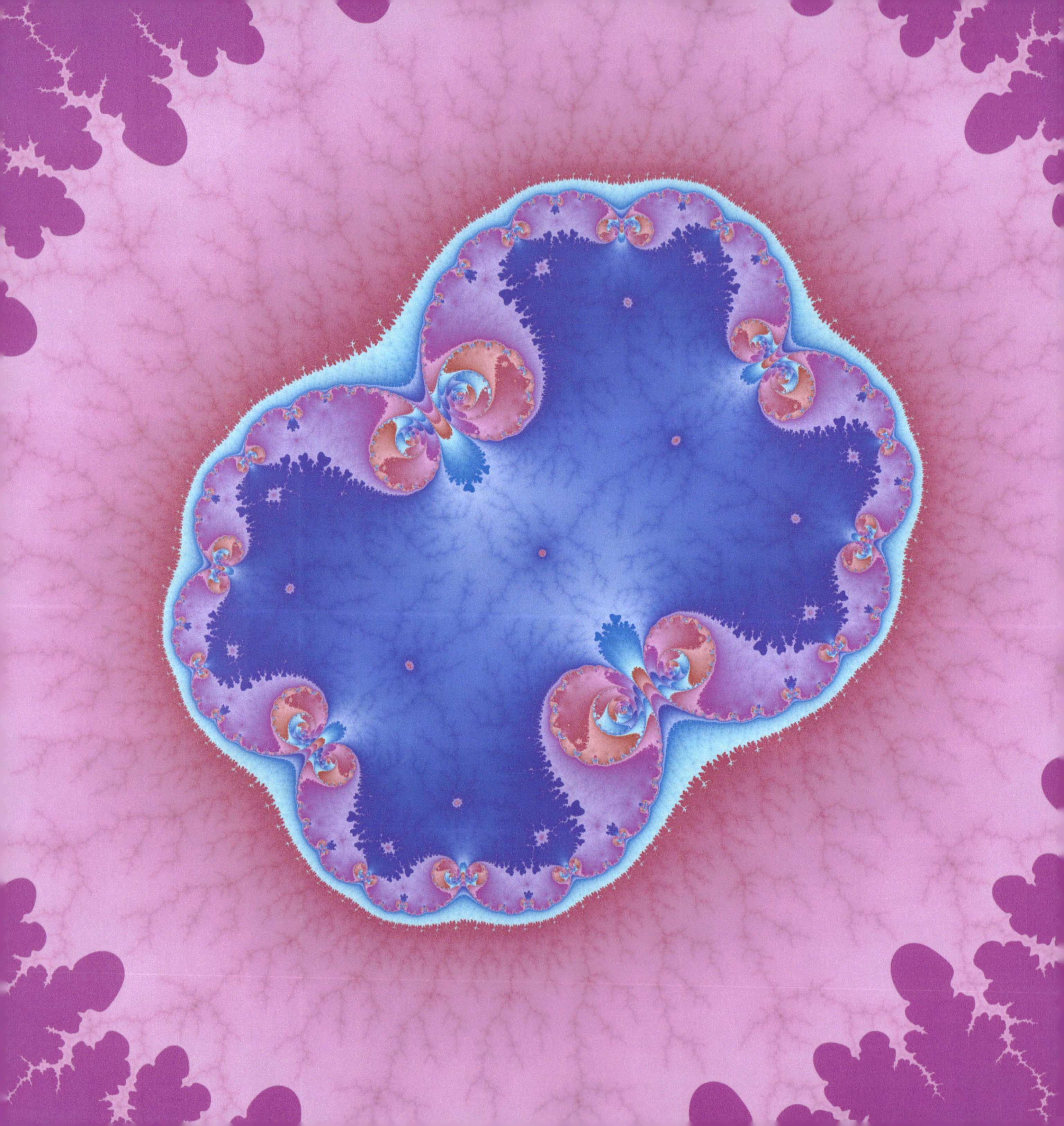

www.ingramcontent.com/pod-product-compliance
Lightning Source LLC
LaVergne TN
LVHW070151230826
846093LV00002B/12

* 9 7 8 1 6 3 2 7 0 4 2 0 7 *